거제 가정식

이나영 지음

1312
거가대로
Geoga-daero
1316

목차.

셋. 점심의 샐러드와 밥 한 그릇

넷. 저녁의 냄비 요리와 술안주

다섯. 주말의 파스타와 솥밥정식

하나.

거제에서 보내는 맛있는 이야기

부산을 떠나 거제에 정착한 지 어느새 두 해가 지났습니다.

결혼을 하면서 직장을 그만두고 남편을 따라 거제로 오게 되었습니다.

전업주부가 된 저의 일상은 여느 가정주부와 비슷했습니다.

남편의 출근을 돕고 그가 출근하면 대충 식사를 해결하고

집안일을 하거나 볼일을 보았습니다. 처음에는 밥을 차리기가 귀찮아서

남은 음식을 먹거나 간식으로 끼니를 때웠습니다. 전날 만든 음식을 먹으니

맛도 없고 혼자 먹으니 지루하고 외로웠어요.

어느 날 지루한 시간이 싫어서 무작정 집을 나섰어요. 이곳저곳을 산책하다가

우연히 숲길을 발견한 이후 변화가 생겼습니다. 푸릇푸릇한 숲을 걸으면서

오가다 만나는 동네 분들과 인사하고 이야기를 나누며 좀 더 긍정적인

생각들이 떠올랐어요. 어차피 혼자 먹는 식사 시간을 의미 있는 시간으로

만들고 싶어서 신경을 써서 요리를 하고 좋아하는 그릇에 담아

사진을 찍고 짧은 글을 써서 SNS에 올렸습니다. 누군가를 의식하기보다는

하나의 기록이었어요. 거의 매일 다른 음식을 만들어 올리다 보니 관심을

가지는 사람들이 하나둘 생겼습니다.

그분들과 대화를 나누는 것 또한 새로운 활력이었지요.

매일의 식사, 거제에서의 일상, 거제라는 섬의 이야기를 틈틈이 올렸고

거제에 여행을 오고 싶다는 분들도 생겼어요. 한 끼의 사진은 단순히

밥을 해먹는 것을 넘어 사람들과 소통할 수 있는 기회를 만들어주었어요.

〈거제 가정식〉을 만들게 된 것도 그 연장선상이지요.

독자 분들이 이 책을 읽고 거제에 대한 호기심, 집밥에 대한 궁금증을

조금은 해결할 수 있기를 바랍니다. 자신을 위해, 또는 가족을 위해

맛있는 식사와 집밥을 즐기는 분들도 많이 생겼으면 합니다.

• 모든 재료와 분량은 2인분 기준입니다. 분량이 다른 메뉴는 별도로 표기했습니다.

거제의 식재료에 대하여

많은 분들이 거제도를 떠올리면 해산물을 생각하겠지만 사실 거제는 과일이 유명합니다. 바로 유자지요. 거제 유자로 만든 유자청은 정말 최고랍니다. 카페에서 아르바이트를 한 적이 있었어요. 날이 쌀쌀해질 때쯤 카페 사장님께서 아는 분 농장에서 유기농으로 키운 유자를 얻어오셨는데 그때 거제에서 유자가 생산된다는 것을 알았습니다. 항상 잘게 잘라서 설탕에 절인 유자청만 보았는데 그때 처음으로 생유자를 보았어요. 어찌나 향이 진하던지 살짝만 건드려도 유자향이 터지듯 사방으로 퍼졌어요. 겨울이 되면 카페에서는 유자차를 내놓는데 공장에서 만든 것과 직접 만든 것은 맛이 확연히 달라 직접 담근다고 하셨어요.

거제 유자는 해풍을 맞고 자라 향이 진한 것이 특징이에요. 껍질을 문질러 씻기만 해도 손에 유자향이 남을 정도지요. 유자 수확철인 11월에만 생과를 구할 수 있는데 그때가 되면 시장 안은 유자향으로 가득합니다. 제철 유자를 사서 베이킹소다와 식초로 깨끗하게 씻고 물기를 말린 다음 반을 자르고 과육은 씨앗을 빼고 껍질은 꼭지를 다듬습니다. 잘 다듬은 과육과 껍질을 푸드프로세서로 썰어서 설탕에 절이면 썰어서 만든 유자청보다 맛이 더 진해요. 큰 병 한가득 만들어두었다가 겨울에는 차로, 여름에는 탄산수와 얼음을 넣고 마시면 일 년 내내 집 안에 유자향이 가득하지요.

한겨울 거제 외포항은 대구를 사려는 사람들로 붐빕니다. 외포항에서 경매를 거친 대구는 전국으로 이동하며 대구 축제도 열려서 일반 소비자도 신선한 대구를 저렴한 가격에 구입할 수 있어요. 대구는 회로 먹기도 하고 마늘과 미나리만 넣고 대구탕을 끓이기도 합니다. 특히 한겨울 대구는 비린내가 없어서 맑은 탕으로 많이 먹습니다. 숙취 해소에도 무척 좋아요. 살짝 말려서 회로 먹기도 한다는데 아직은 도전하지 못했네요. 말린 대구회는 감칠맛이 있어서 거제 사람들은 이렇게 회로 먹는 것을 즐긴다고 해요.

여느 관광지와 마찬가지로 거제 역시 횟집에서 식사를 하기에는 부담스러워요. 네 명이서 회를 먹으면 30만 원은 나오니 저렴하지는 않지요. 하지만 서울에서 온 관광객들은 저렴하다고 하는 걸 보니 서울 물가는 참 무섭습니다. 해산물 시장에 가면 바로 생선을 잡아주는 가게들이 있습니다. 주문이 들어오면 수족관에 있는 생선을 잡아서 회를 떠주고 거제 사람들은 그걸 포장해서 집에서 회를 즐깁니다. 동네 사람들이니 바가지도 없고 속임수도 없습니다. 덤으로 멍게를 줄 때도 있고요. 우리도 거제에 와서 집들이를 할 때 이런 가게를 즐겨 이용했습니다.

거제에는 큰 조선회사가 두 개나 있어서인지 인구 대비 외국인이 많습니다. 그래서 대형마트에 가면 다양한 향신료, 치즈, 허브, 살라미, 수입 채소가 종류별로 있습니다. 동네 구석구석에는 외국 재료만 파는 식료품점도 있습니다. 처음 거제에 왔을 때는 마트를 구경하는 걸 무척 좋아했어요. 부산 대형 백화점에나 있는 재료들이 다양하게 있어서 마트에 가면 시간 가는 줄 몰랐어요.

거제면 쪽으로 가면 바닷가에 굴 양식 지주가 많이 꽂혀 있습니다. 그 모습을 보면 구조라나 와현에서 보던 풍경과는 다른, 섬 아닌 섬 같은 느낌이 듭니다. 거제, 통영, 고성 해안에서는 굴 양식을 많이 하는데 남도의 굴은 크고 달아서 해외에서도 인기가 많습니다. 굴은 오븐에 익히거나 냄비에 쪄서 먹습니다. 어렸을 때는 아빠가 숯불을 피워서 굴을 구워주셨는데 아파트에서는 힘든 일이지요. 겨울철 굴은 비린내가 없어서 그냥 먹어도 맛있지만 남편이 비린내에 약해서 레몬이나 유자를 끼워서 쪄서 먹습니다. 유자향 가득한 굴을 한 입 먹으면 "아, 여기는 거제구나"라고 새삼 느끼게 된답니다.

살림에 대하여

한 방송에서 누군가가 깨끗이 설거지해서 정리된 그릇을 보고 "병아리처럼 귀엽고 예쁘다"고 말하는 것을 본 적이 있어요. 그때는 '설거지를 무척 좋아하는 사람인가'라고 생각했는데 살림을 해보니 어떤 의미인지 아주 조금 알 것 같습니다. 10년 동안 자취를 하고 결혼을 했지만 자취 살림과 결혼 살림은 큰 차이가 있었습니다. 일단 만드는 음식의 수가 몇 배나 되는데다 그로 인해 그릇과 조리도구도 많아졌지요. 수납에 대한 고민이 생겼고 관리해야 하는 물건이 늘어났습니다. 처음에는 무작정 이것저것 구입했지만 직접 사용해보고 나서야 취향을 알게 되었어요. 시간이 많이 걸렸지만 취향과 습관을 알게 되니 살림이 한결 쉬워졌습니다.

저는 투박한 집을 좋아합니다. 숱한 실패로 얻은 결론입니다. 세련된 분위기보다는 촌스럽지만 편안한 느낌을 좋아합니다. 예쁜 모델하우스 같은 집은 편히 쉴 수 없는 긴장감이 느껴집니다. 자로 잰 듯한 분위기 때문인지 허리를 꼿꼿이 세우고 걸어야 할 것 같아요. 집에서는 느긋하게, 나른하게 쉬고 싶은데도요. 그래서 가구를 구입할 때도 모양이 투박하고 색이 짙은 나무 제품을 골랐습니다. 하얀색의 식탁이 유행할 때였지만 색이 짙은 나무를 골라 식탁을 만들었습니다. 가끔은 하얀 리넨을 깔아 분위기를 바꾸기도 하지요. 다림질하지 않은 그대로의 모습으로요.

그릇이나 소품도 따뜻한 느낌을 주는 나무 제품을 좋아합니다. 나무 제품은 재료나 색깔에 따라 무척 종류가 다양해서 마음에 드는 것을 고르기가 어렵지만 조금 어두운 색을 가진, 최대한 나무결을 느낄 수 있는 제품을 고릅니다. 모양이 마음에 들어도 나무결과 색에 따라 분위기가 달라지니 인터넷에서는 살 수 없어서 조금 발품을 팔아야 하지요. 나무 소품을 고를 때도 무광의 바니시로 마감한 제품이나 마감 처리를 하지 않은 제품을 구입해 직접 스테인을 바르고 오일로 마감합니다. 인위적인 광택은 자연스럽지 않아서 괜스레 보기가 싫거든요. 집도 따뜻한 느낌을 주고 싶어서 형광등을 켜지 않고 여러 개의 노란빛 스탠드로 거실 조명을 대신합니다. 그래서 저희 엄마는 오실 때마다 답답하다며 불 좀 켜라고 잔소리를 하십니다.

처음 요리를 배울 때의 습관이 몸에 남았는지 싱크대는 항상 깨끗하게 관리하려고 해요. 설거지가 끝나면 음식물 쓰레기는 바로 버리고 거름망은 뜨거운 물로 씻어두어요. 저녁 식사가 끝나면 싱크대 하수구를 청소하는데 식초, 베이킹소다, 소금을 섞어서 뿌려놓고 솔로 문지른 다음 뜨거운 물을 가득 붓습니다. 이렇게 청소하면 하수구 냄새도 나지 않고 거름망도 깨끗해집니다. 화장실도 마찬가지예요. 아침저녁 샤워할 때마다 베이킹소다를 섞은 물을 뿌려서 솔로 청소하면 화장실 냄새는 절대 나지 않습니다.

청소는 요리만큼 중요합니다. 베개 홑청은 여름에는 하루에 한 번, 겨울에는 이틀에 한 번은 바꾸고 청소기는 매일 구석구석 돌립니다. 설거지는 담가두지 않고 화장실은 물때가 없어야 해요. 청소를 하지 않고 외출하는 일도 없습니다. 집에 오면 깨끗한 공간에서 쉬고 싶으니까요. 주말에는 화분에 물을 주고 주방의 나무 식기를 닦습니다. 주말 아침은 조금 여유로워서 식기를 닦을 시간이 있지요. 식용 도구에 바르는 부처블락오일로 도마를 닦고 그릇, 나무 뒤집개, 나무 수저를 닦고 말려놓습니다. 닦고 말리기를 두 번씩 반복하면 끝. 나무 식기는 비위생적이고 번거롭다고들 하지만 나무 수저로 밥을 먹어야 더 맛있게 느껴져서 바꿀 수가 없어요.

SNS에 우리 부부의 식탁을 공유하면 가장 많이 듣는 질문이 있습니다. "그릇은 어디 제품인가요?" 제 그릇 중에 유명 브랜드 제품이나 비싼 그릇은 없어요. 주로 여행 중에 발견하거나 시장에서 구입하는 것들이지요. 비싼 그릇이라고 무조건 좋은 것도, 저렴한 그릇이라고 무조건 나쁜 것도 아니라고 생각해요. 자신의 취향이 담긴 그릇을 고르면 좋겠습니다. 살림도 유행이 있지만 '자신의 취향'을 기준으로 삼으면 좀 더 쉽게 자신의 살림을 만들 수 있을 거예요.

유리컵

속이 훤히 보이는 투명한 유리컵을 좋아합니다. 어떤 것을 담아도 색을 그대로 표현하거든요. 남편에게 채소주스를 줄 때 유리컵에 담아서 주는데 색이 예뻐서 쓴 채소주스도 불평 없이 먹는 것 같아요. 높이가 낮은 유리컵은 물이나 보리차를 담아 식사할 때 사용하고 350ml 이상의 큰 컵은 아이스카페라테나 아메리카노를 마실 때 사용해요. 가격이 저렴한 유리컵은 소다석회 유리제로 만들어 깨지기 쉽고 깨지면 유리 파편이 많이 튀어요. 그래서 조금 무겁더라도 잘 깨지지 않고 깨져도 파편이 잘 튀지 않는 강화유리컵이나 열의 편차를 견디는 내열유리컵을 사용합니다. 유리컵은 매일 사용하는 것이고 시원한 음료는 물론 얼음을 담기도 하고 뜨거운 커피를 담아 마시기도 하니까요.

채반과 체

| 대나무 채반 | 짜임이 촘촘하고 뚜껑이 있는 대나무 채반은 부산 진시장에서 구입했습니다. 물기를 빼는 용도로 사용하지 않고 전이나 튀김 등을 담아둘 때 사용하지요. 사용한 다음에는 베이킹소다를 섞은 물에 살짝 헹군 뒤 천으로 닦고 바람이 잘 통하는 곳에서 충분히 말립니다. 작은 접시 모양의 대나무 채반은 물이 잘 빠져서 1인용 쌈 채소를 낼 때 사용하고 나뭇잎을 깔고 주먹밥을 모양내서 올리기도 합니다.

| 여러 가지 크기의 체 | 채소를 씻어 물을 빼는 용도의 체는 스테인리스 소재 제품을 사용합니다. 녹슬지 않고 관리하기 쉬워서 위생적입니다. 주로 채소를 씻고 물을 뺄 때 사용하고 구멍이 촘촘한 체는 멸치나 작은 곡식을 씻을 때 사용합니다. 크기별로 3개를 묶어서 판매하는 제품을 인터넷에서 구매했는데 겹쳐서 보관할 수 있어서 수납도 편리합니다.

주물 냄비와 팬

| 작은 주물 냄비 | 16cm 크기의 스타우브 냄비는 뚜껑이 있어서 솥밥을 짓거나 간단한 찌개를 만들 때 사용합니다. 찌개는 오래두면 냄새가 밸 수 있어서 남은 찌개는 따로 보관하고 천연 세제와 솔로 바로 세척한 뒤 건조시킵니다.

| 타원형 주물 냄비 | 소시지가 들어가는 요리를 만들거나 고기를 굽고 감자소테를 만들 때 자주 사용합니다. 주로 직화해서 주재료를 익힌 뒤 오븐에 넣어 한 번 더 익혀야 하는 요리를 만들 때 사용합니다.

| 주물 팬 | 25cm 크기의 주물 팬은 구입한 뒤 여러 번 길들여야 합니다. 기름을 둘러 닦고 직화로 달군 뒤 식혀서 솔로 문질러 씻는 과정을 여러 번 반복합니다. 처음 몇 번은 기름이 있는 요리를 만드는 것이 좋습니다. 세제를 사용하지 않고 솔과 물로만 세척하고 물기를 닦아 보관합니다.

| 그릴 주물 팬 | 채소를 모양내 굽거나 그릴샌드위치를 만들 때 사용합니다. 주물 팬처럼 길들이기 과정을 여러 번 반복한 뒤 사용하고 요리를 만든 다음에는 물로 세척한 뒤 물기를 닦고 보관합니다.

다양한 팬

| 3구 주물 팬 | 주물 팬은 기름을 칠하고 닦는 과정을 여러 번 반복하며 길들여야 하는 팬입니다. 길들이는 과정이 번거롭지만 잘 길들이면 무척 맛있는 달걀프라이를 맛볼 수 있습니다. 3개로 나뉘어 있어 소시지, 달걀, 빵을 구울 때 활용하면 유용합니다. 일정한 크기의 전을 굽거나 핫케이크를 구울 때도 좋습니다.

| 달걀말이 팬 | 하나만 있어도 매우 유용하게 사용할 수 있습니다. 달걀말이를 할 때 달걀말이 팬을 사용하면 일정하고 예쁜 모양의 달걀말이를 만들 수 있습니다.

| 15cm 팬 | 적은 양의 채소를 볶을 때 사용합니다. 두 명의 식사를 만들다 보면 적은 양의 재료를 볶을 때가 많은데 그럴 때는 큰 팬보다 작은 팬을 사용합니다. 오므라이스용 달걀을 만들 때도 편리합니다.

자주 사용하는 그릇

노란색이 도는 그릇과 파란 선이 들어간 그릇은 교토의 그릇 편집숍에서 구매했습니다. 적은 양의 반찬을 담을 때 사용합니다. 같은 모양의 흰 접시와 붉은 접시는 국내의 그릇 편집숍에서 구매했습니다. 흰색은 색이 진한 음식을 담을 때 사용하고 붉은색은 밝은색의 음식을 담을 때 사용합니다. 주로 작은 접시들을 구입해서 식사 때 먹을 만큼의 음식을 담아 사용합니다.

나무 도마

나무 도마는 1만 원부터 20만 원까지 가격이 다양합니다. 재료에 따라, 가공법에 따라 가격 차이가 있습니다. 처음 구입한 나무 도마는 오일 코팅 작업을 거쳐야 합니다. 식용 도마에 사용하는 오일을 골고루 먹인 뒤 마른 천으로 닦아내고 말리기를 반복합니다. 도마를 사용한 뒤 세척할 때는 가급적 세제를 사용하지 말고 베이킹소다와 소금으로 만든 천연 세제로 세척합니다. 건조시킬 때는 나무결의 방향으로 세워서 말려야 곰팡이가 생기지 않습니다.

| 피넛 도마 | 마호가니로 만든 땅콩 모양의 원목 도마입니다. 붉은색이 특징입니다. 물기가 없는 고기 요리나 튀김 요리를 낼 때 서빙 도마로 사용합니다.

| 사각형 도마 | 북미산 호두나무를 사용한 도마입니다. 나무의 무늬가 선명하고 색이 진해 자주 사용합니다. 빵을 자를 때 사용하거나 치즈, 핑거 푸드 등을 낼 때 사용합니다.

| 엔드그레인 커팅보드 | 공방에서 구매한 수제 도마입니다. 북미산 참나무와 호두나무를 사용했으며 원목의 나무결이 도마 표면에 돋보이도록 바둑판 모양으로 제작되었습니다. 서빙 도마로 사용하거나 채소나 과일처럼 냄새가 남지 않는 재료들을 자를 때 사용합니다.

| 미송 도마 | 저렴한 가격의 원목 도마입니다. 식재료를 다듬을 때 사용하는데 김치나 생선을 손질할 때는 도마에 냄새가 밸 수 있으므로 종이포일을 깔고 사용합니다.

스틸 망, 국자, 그레이터, 체망

| 스틸 망 | 나선형 모양의 망은 주로 파스타를 건질 때 사용합니다. 튼튼해서 고기나 무거운 채소를 데친 뒤 건질 때도 사용합니다. 그물 모양의 스틸 망은 튀

김을 건질 때 사용하는데 한 손으로는 스틸 망을 잡고 한 손으로는 젓가락으로 튀김을 꺼낸 뒤 한꺼번에 건질 수 있어 편리합니다.

| 국자 | 큰 크기의 국자와 작은 테이블 국자를 구비해둡니다. 테이블 국자는 식탁에서 전골이나 냄비 요리를 먹을 때 덜기 편하도록 손잡이가 짧고 작은 것을 고릅니다.

| 치즈 그레이터 | 칼날이 굵은 치즈 그레이터는 샐러드 위에 치즈를 올릴 때 사용하고 칼날이 얇은 치즈 그레이터는 파스타 위에 치즈를 뿌릴 때 사용합니다. 딱딱한 치즈를 갈 때는 힘이 많이 들어가므로 손잡이와 강판 사이의 마감이 튼튼한 것으로 구입합니다.

| 체망 | 조밀한 짜임의 L자 모양 스틸 체망은 된장을 풀거나 국물용 건너기를 건질 때 사용하고 넓은 체망은 국수나 당면 같은 얇은 면을 건질 때 사용합니다. 짜임이 조밀해서 밀가루를 곱게 체 칠 때도 편리합니다. 체망 사이사이에 음식물이 낄 수 있으니 솔로 문질러서 세척합니다.

슬라이서와 매셔

| 양배추 슬라이서 | 칼날이 가로로 긴 모양의 슬라이서입니다. 주로 양배추를 곱

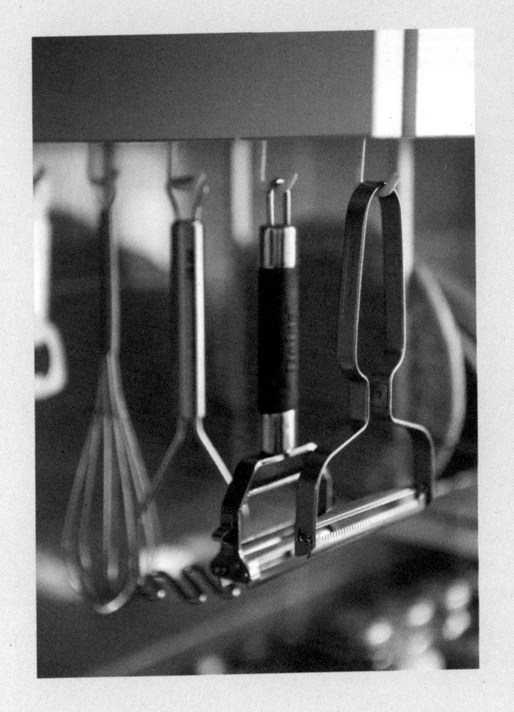

게 채 썰 때 사용합니다. 양배추를 4등분한 뒤 뿌리 부분부터 위로 밀면 고운 양배추 채가 나옵니다. 주방용품점에 가면 쉽게 구할 수 있습니다.

| 양면 슬라이서 | 한 면은 채소 껍질을 제거할 때 사용하고 다른 면은 일정한 모양의 채를 썰 때 사용합니다. 주로 우엉을 손질할 때 사용하는데 한 면으로는 껍질을 제거하고 다른 면으로는 우엉을 얇게 채 썰어 우엉조림을 만들 때 유용합니다.

| 포테이토 매셔 | 삶은 감자나 삶은 달걀을 으깰 때 사용하는 도구입니다. 감자샐러드나 샌드위치의 속을 만들 때 활용하면 힘을 많이 들이지 않고 재료를 으깰 수 있습니다.

커피 도구

| 이브릭 주전자 | 300ml 용량의 칼리타 이브릭 주전자는 터키식 커피 추출 도구로 동으로 만든 제품입니다. 동은 열전도성이 좋아 쉽게 식지 않습니다. 오래 사용하면 녹청이 생길 수 있는데 소금과 식초를 1:1로 섞어 문질러 닦고 세척한 뒤 물기를 바로 제거하면 깨끗하게 사용할 수 있습니다. 긴 주전자는 전통 터키식 주전자인 체즈베로 요즘 유행하는 샌드커피점에서 많이 사용합니다. 커피와 물을 같이 끓여서 에스프레소만큼 진한 커피를 추출합니다.

| 핸드밀 | 칼리타 핸드밀은 인터넷에서 2만 원대에 구매할 수 있습니다. 원두를 넣는 부분에 뚜껑이 있는 디자인도 있지만 뚜껑이 없는 것이 더 편리합니다. 손잡이 밑의 나사를 이용해 분쇄 굵기를 조절하며 원두를 분쇄할 때는 일정한 속도로 손잡이를 돌리는 것이 중요합니다. 분쇄한 뒤에는 물로 세척하지 않고 부드러운 솔로 찌꺼기만 털어냅니다.

| 모카포트 | 비알레띠 모카포트는 1인용, 3인용, 6인용 등이 있고 인터넷에서 쉽게 구입할 수 있습니다. 초기 모카포트 그대로 알루미늄으로 만들어서 커피를 추출한 다음 바로 세척하고 마른 천으로 닦아야 녹이 생기지 않습니다. 요즘은 관리하기 쉬운 스테인리스 재질의 모카포트도 나왔지만 소재에 따라 커피 맛이 달라지기 때문에 일부러 알루미늄 제품을 고집합니다. 비알레띠 뉴브리카 모카포트는 추가 달려 있어 크레마가 더 잘 나옵니다.

| 핀 드리퍼 | 베트남식 커피 드리퍼입니다. 베트남 여행 때 구매한 것인데 국내에서도 구입할 수 있습니다. 커피 잔 위에 드리퍼를 올리고 그 안에 원두를 넣고 작은 구멍이 있는 프레스 판으로 원두를 누른 뒤 따뜻한 물을 부어 커피를 추출합니다. 기술이 필요하지 않아 간편하게 사용할 수 있습니다.

양파 망과 과일 망

| 양파 망 | 저렴하게 구입한 양파망은 매우 활용도가 좋습니다. 햇빛이 들지 않는 부엌 한편에 양파를 넣어 걸어두면 통풍이 잘되어 양파가 썩지 않고 그때그때 사용할 수 있어 편리합니다. 양파는 물기를 바짝 말린 뒤 햇볕이 들지 않는 서늘한 곳에 보관하면 오래 두고 먹을 수 있습니다.

| 과일 망 | 태국에 여행을 갔을 때 구입한 것입니다. 과일은 그때그때 조금씩 구입해서 먹습니다. 냉장고에 넣어두면 잘 챙겨 먹지 않아서 보이는 곳에 두고 바로 먹습니다. 과일을 망에 넣어두면 쉽게 무르지 않아서 신선하게 보관하기 좋습니다.

둘.

아침의 빵과 수프

저는 아침의 공기를 좋아합니다. 직장에 다닐 때도 일부러 새벽 시간에
요가를 다닐 정도였지요. 축축하고 시원하고 북적이는 시내 한복판의
인적이 드문 아침을 좋아했습니다. 복잡한 도시에서 살다가 거제에 오니
더욱 아침이 좋아졌습니다. 창문을 열면 여름에는 새가 지저귀고
시원한 바람이 불어오고 눈앞에는 푸른 나무가 빼곡합니다. 봄에는 푸르렀던
나무에 벚꽃이 한가득 피니 사람을 헤치며 벚꽃놀이를 가지 않아도 되지요.
한참 동안 벚꽃을 바라보다가 아차, 하고 서두르는 것이 봄의 일상입니다.
아침 식사는 남편에게 메뉴를 선택할 기회를 줍니다. 수프를 먹을 것인지,
빵을 먹을 것인지 물어보면 열 번 중 아홉 번은 수프에 빵을 찍어 먹겠다고
합니다. 이 단골손님은 하나만 고르는 법이 없습니다. 여름에는
토마토수프를 미지근하게 데워서 미리 구워둔 바삭한 빵을 얹어주고
아이스커피를 함께 내줍니다. 하루 종일 일하는 남편이 아침부터
덥지 않았으면 해서 아이스커피를 주면서도 속을 든든하게 채워주고 싶은
마음에 수프를 미지근하게 데워주지요. 그 마음을 아는지 모르는지
남편은 후루룩 먹고는 집을 나섭니다.
시리도록 어두운 겨울이 되면 오전 6시에도 아직 한밤중입니다.
창문을 여는 대신 조명을 켜고 오늘의 날씨를 확인합니다.
겨울에는 새도 울지 않고 나뭇가지도 앙상해서 아침에도 조용합니다.
그럴 때는 따뜻한 감자양송이수프와 커피, 갓 구운 빵을 준비합니다.
속이라도 따뜻하게 데우고 출근했으면 싶은 마음을 담았습니다.
남편은 겨울철에 입맛이 없는 편이라 겨울이 되면 선명한 맛의 수프를
만들곤 합니다. 버섯수프나 클램차우더, 매콤한 조개스튜 같은 메뉴들이지요.
여기에 빵을 찍어 먹으면 아침이 든든하다고 합니다.

20대까지만 해도 아침에 꼭 밥을 먹었습니다. 기숙사에서 지낼 때는 학교 식당에 들러 밥을 먹었고, 자취할 때는 편의점에서 김밥이라도 사 먹었습니다. 어릴 적 엄마가 아침에 빵을 주면 "아침부터 무슨 빵이야?" 하며 투정을 부리기도 했습니다. 하지만 커피를 좋아하고부터는 아침에 밥보다 빵을 찾게 되네요. 고소한 빵에 수프, 커피를 먹고 나면 소화도 더 잘되는 느낌이에요.

한겨울을 제외하고 거의 매일 아침에 집 근처 숲 속을 산책합니다. 먹다 남은 커피를 챙겨서 편백나무 숲으로 들어가 한 모금을 홀짝 마시면 행복이란 무엇인지 온몸으로 느낄 수 있어요. 조금 더 올라가면 산과 바다가 훤히 보이는 전망대가 있어서 마음까지 시원해지지요. 이제는 산과 바다가 눈앞에 펼쳐지는 거제의 아침 풍경이 거제에서 살아야 하는 이유가 되어버렸습니다.

Kerrygold
PURE IRISH BUTTE
UNSALTED

PURE

빵 고르기

저는 캄파뉴, 바게트, 식빵 같은 담백한 빵을 좋아합니다. 식빵은 들어간 재료에 따라 토스트용과 샌드위치용을 구분해서 구입합니다. 토스트용은 설탕, 우유, 유지를 거의 넣지 않은 린 타입 식빵을 사서 토스터에 바삭하게 굽고 집에서 만든 허브버터를 발라서 먹습니다. 샌드위치를 만들어 팬에 구워 먹는 것을 좋아하지만 남편은 굽지 않은 부드러운 샌드위치를 좋아해서 생크림이나 우유, 유지가 많이 들어간 리치 타입 식빵을 삽니다. 이렇게 식빵을 고르다 보면 다 먹지 못하는 경우가 많아서 바로 먹는 양을 제외하고 나머지는 한 번 먹을 분량으로 소분해 비닐백에 넣고 냉동 보관합니다. 필요할 때마다 오븐에 데워 먹으면 갓 사온 것처럼 먹을 수 있고 미처 먹지 못한 식빵은 밀대로 밀어 오븐에 구운 뒤 수프를 먹을 때 곁들이거나 스튜에 넣어서 먹습니다.

갓 구운 바게트는 씹을수록 고소해서 아무것도 바르지 않고 그 맛을 즐깁니다. 바게트를 조그맣게 잘라서 오랫동안 씹으면 왜 프랑스 사람들이 바게트를 좋아하는지 이해가 됩니다. 프랑스에서는 바게트를 밀가루, 이스트, 소금만을 사용해 만들도록 식품법으로 정하고 있어서 기본 재료 외의 재료를 넣으면 바게트라는 이름으로 판매할 수 없습니다. 그래서인지 바게트에는 설탕과 유지가 들어가지 않아 담백하고 바삭합니다. 바게트를 사면 반은 손으로 뜯어 꼭꼭 씹어 먹고, 반은 갈릭버터를 골고루 바르고 그라나파다노를 살짝 올려 오븐에 바삭하게 구워 먹습니다. 식빵의 자투리나 바게트 끝부분에 갈릭버터를 바르고 그 위에 치즈를 듬뿍 뿌려 바삭하게 구우면 짭조름한 맥주 안주로도 좋습니다.

크림치즈가 먹고 싶을 때는 거친 식감의 호밀빵을 삽니다. 독일 전통 빵인 호밀빵은 호밀을 주원료로 하지만 호밀 100% 빵은 찾아보기 힘들지요. 호밀의 함량이 높고 묵직하고 색과 향이 진한 것을 구입하는 것이 좋은데 잘랐을 때 가루가 많이 떨어지면 잘 고른 것입니다. 주물 팬에 기름이나 버터를 두르지 않고 호밀빵을 태우듯이 구운 다음 부드러운 크림치즈를 바르면 다른 재료가 필요하지 않을 정도로 구수하고 맛있습니다.

홈메이드 스프레드

샌드위치를 만들 때는 시판용 소스를 사용하지 않고 직접 스프레드를 만듭니다. 스프레드는 흐르지 않고 빵에 바를 수 있는 농도의 소스를 말합니다. 우리가 쉽게 접할 수 있는 스프레드로 누텔라, 녹차스프레드 등이 있습니다. 달고 칼로리가 높지만 빵과 잘 어울리고 맛있어서 한 번 먹기 시작하면 자제력을 잃기 쉽습니다. 이렇듯 잘 만든 스프레드 하나만 있어도 샌드위치가 훨씬 간단합니다. 저는 주로 두부나 올리브로 스프레드를 만드는데 주재료에 소금, 후추, 올리브유, 레몬즙을 넣고 푸드프로세서에 갈아서 사용합니다.

두부스프레드는 마요네즈 대신 사용하곤 하는데 부드럽고 고소하면서 칼로리는 낮아서 다이어트를 할 때 좋습니다. 호밀빵 한 면에 두부스프레드를 바르고 양상추, 데친 햄, 토마토를 얹고 빵을 덮으면 칼로리는 낮지만 맛있고 건강한 샌드위치가 완성됩니다. 밤이 제철인 가을이 되면 보늬밤을 만들고 남은 밤으로 스프레드를 만듭니다. 밤 껍질을 벗기고 꿀을 넣고 삶은 뒤 푸드프로세서에 갈면 달콤하면서 고소한 밤 냄새가 풍부해서 빵에 발라 먹거나 빵을 만들 때 앙금으로 사용합니다.

스프레드는 어려운 서양식 드레싱이 아닙니다. 쉽게 접할 수 있는 재료를 물기 없이 곱게 갈아서 만드는 간단한 드레싱이지요. 잼만큼 활용도가 높아서 빵에 발라서 먹기도 하고 스틱 과자를 찍어서 먹는 등 간식과 식사로 다양하게 활용할 수 있습니다. 좋아하는 재료로 스프레드 한 병을 만들어 냉장고에 보관하면 마음이 든든해집니다.

추억의 맛, 사과시나몬잼

어릴 적 딸기철이 되면 부엌에는 바구니 한가득 딸기가 담겨 있었어요. 왔다갔다 집어 먹다가 남으면 엄마는 잼을 만들어주셨지요. 그때의 딸기잼은 제가 먹었던 잼 중에 가장 맛있었어요. 그래서인지 저는 남은 과일로 잼을 만들어요. 엄마가 해준 것처럼 맛있거든요. 이 사과시나몬잼도 냉장고에 굴러다니는 사과로 만듭니다. 껍질은 깎아도 좋고 그대로 만들어도 좋습니다. 사과를 깍둑썰고 설탕에 굴려서 졸인 뒤 시나몬과 레몬즙까지 넣었으니 맛이 없을 수가 없지요.

재료

사과 2개, 설탕 1컵, 시나몬가루 1큰술, 레몬즙 1큰술

1 사과는 깨끗이 씻고 껍질째 가로세로 1cm 크기로 깍둑썰기 한다.

2 냄비에 사과와 설탕을 넣고 설탕이 녹을 때까지 저으면서 끓인다.

3 설탕이 보글보글 끓으면 시나몬가루를 넣고 골고루 섞은 뒤 레몬즙을 넣고 불을 끈다.

TIP

사과시나몬잼은 사과 알갱이가 그대로 씹히는 잼입니다. 냄비에서 끓일 때는 잘 보이지 않지만 보관할 때 사과에서 수분이 많이 나오므로 일반 잼보다 조금 더 끓여서 수분을 충분히 날려줘야 적당한 농도의 잼이 완성됩니다. 빵에 얹어 먹어도 맛있지만 두툼하게 잘라서 구운 빵에 사과시나몬잼과 생크림을 함께 올리고 디저트로 즐겨도 좋습니다.

건강하고 맛있는, 두부검은깨스프레드

스프레드는 소스보다 농도가 진해서 찍어 먹지 않고 나이프를 이용해 발라 먹습니다. 두부검은깨스프레드는 크림치즈 대신 사용할 수 있을 만큼 부드럽고 고소해서 여러 빵 요리에 응용할 수 있어요. 저는 주로 샌드위치를 만들 때 두부검은깨스프레드를 바르고 채소를 넣어 먹지요.

재료

두부 200g, 검은깨 2큰술, 꿀 1큰술, 올리브유 2큰술, 소금 약간

1 냄비에 물을 넣고 끓인 뒤 두부를 속이 익을 때까지 데친다. 데친 두부는 체에 받쳐 물기를 빼둔다.

2 푸드프로세서에 두부와 검은깨, 꿀, 올리브유, 소금을 순서대로 넣고 곱게 간다.

TIP

두부는 물기를 완전히 제거해야 스프레드가 묽어지지 않습니다. 스프레드가 너무 묽다면 검은깨를 더 넣으면 됩니다. 샌드위치에 사용할 예정이라면 소금을 더 넣어 짭조름하게 만들면 소스를 넣지 않아도 됩니다.

아침 커피

저는 산미가 있는 커피를 그다지 좋아하지 않았습니다. 카페에 가서 드립커피를 주문할 때나 원두를 선택할 때면 산미가 없는 커피를 고르곤 했어요. 그때는 씁쓸한 맛이 있어야 커피라고 생각했던 것 같아요. 신맛이 나는 커피는 어쩐지 이상했거든요. 상한 우유를 마시는 것처럼 시큼한 느낌이었어요. 그래서 산미가 없고 진하고 강한 맛의 콜롬비아 원두를 진하게 내려서 마셨습니다.

어느 날 집에서 마시던 인스턴트커피를 끊고 처음으로 모카포트를 사용해보았어요. 에스프레소 머신은 너무 비쌌고 에스프레소의 본고장 이탈리아에서도 모카포트를 많이 사용한다고 해서 더욱 마음에 들었어요. 모카포트와 함께 당일 블랜딩한 원두를 구매해서 설명서대로 만들어 한 모금 입에 머금은 순간 "아, 이제 카페 커피와는 안녕이구나"라고 생각했습니다. 너무 맛있어서요.

한여름의 아침, 밤새 더위에 뒤척이다가 일어나서 아이스커피를 마십니다. 주로 목 넘김이 좋고 너트가 연상되는 고소한 향을 가진 브라질 원두를 사용합니다. 모카포트를 이용하면 에스프레소를 쉽게 추출할 수 있고 원하는 농도의 아이스커피를 만들 수 있어 좋았어요. 모카포트가 3개쯤 되었을 때 모카포트를 세척하는 것이 번거롭게 느껴졌습니다. 모카포트는 사용하고 나면 바로 세척해야 녹이 슬지 않아서 부지런하게 세척하고 물기를 닦아줘야 하는데 아침에는 조금 번거로웠거든요. 매일 같은 커피 맛에 싫증이 났을 수도 있고요. 그 일을 계기로 핸드드립 커피를 배우기로 하고 부산에 있는 로스팅 카페에서 핸드드립 커피 수업을 들었습니다. 이 수업을 통해 커피에 대한 편견이 완전히 바뀌었어요. 좋아하지 않던, 산미가 가득한 에티오피아 원두로 커피를 내렸는데 놀랄 정도로 맛있었어요. 이렇게 맛있는 커피를 이제야 알게 되다니. 분명 산미가 높은 원두였는데도 신맛이 강하지 않고 짙은 꽃향기와 과일향이 산미와 어우러져 원두 본연의 맛을 느낄 수 있었어요.

그 수업 이후로 원두 취향이 바뀌었고 원두의 분쇄도와 물의 양에 따라 완전히 다른 커피를 만들 수 있다는 사실을 알았습니다. 핸드드립 커피를 접하고 난 뒤 여행을 갈 때도 핸드드립 도구를 챙겼어요. 뜨거운 물만 있으면 신선한 커피를 마실 수 있어 편리하잖아요. 숲을 산책할 때도 핸드드립 도구를 챙겼어요. 불이 없어도 뜨거운 커피를 마실 수 있으니까요.

가끔은 진한 커피가 그리울 때도 있어요. 그럴 때는 에스프레소만큼 진한 커피를 추출할 수 있는 이브릭을 사용합니다. 적당히 묵직하고 오묘한 과일향이 나는 케냐 원두를 곱게 갈아서 물과 함께 끓인 뒤 커피가루가 가라앉으면 살며시 따라 마십니다. 신기하게도 모카포트로 추출했을 때와는 또 다른 맛이에요.

커피는 알면 알수록 어렵다더니 그 말을 계속 실감하는 중입니다.

진한 커피의 맛, 모카포트

에스프레소 머신이 없어도 에스프레소를 즐길 수 있는 가정용 커피 추출 도구입니다. 집에서도 손쉽게 커피를 추출할 수 있고 요령이 필요하지 않아 누구나 커피를 만들 수 있습니다. 아래쪽 포트에 물이 끓으면 압력으로 인해 증기가 바스켓의 커피가루를 통과해서 에스프레소가 추출되는 방식입니다. 농도가 진하기 때문에 아이스아메리카노나 카페라테를 만들 때 사용하면 좋습니다.

재료 (3잔기준)

원두 25g, 물 $\frac{1}{2}$컵

TIP

원두는 모카포트용으로 곱게 분쇄합니다. 바스켓에 커피가루를 충분히 쌓은 뒤 막대로 돌려가며 다져줍니다. 이렇게 다지는 작업을 탬핑이라고 합니다. 너무 세게 탬핑하면 에스프레소가 추출되지 않을 수 있으니 힘을 주지 않고 탬핑해야 합니다.

1 아래쪽 포트(보일러)에 물을 담고 바스켓에 모카포트용으로 곱게 분쇄한 원두를 넣는다.

2 커피가 고깔 모양이 되도록 쌓아 올리고 평평한 막대로 돌려가며 탬핑한다.

3 모카포트를 조립하여 센 불에서 끓인다.

4 에스프레소가 추출되기 시작하고 갈색 크레마가 보이면 불을 끈다. 얼음을 넣고 아이스아메리카노로 즐겨도 좋다.

터키식 커피, 이브릭

터키식 커피를 추출하는 방법입니다. 이브릭 주전자에 물과 잘 분쇄한 커피가루를 넣고 끓인 뒤 가루를 가라앉히고 마시는 방법입니다. 이브릭 주전자를 사용하며 별도의 여과지 없이 고운 커피가루와 물을 주전자에 넣고 끓인 뒤 마시기 때문에 간편하지만 강한 맛을 느낄 수 있습니다.

재료 (1잔기준)

원두 10g, 물 $1\frac{1}{4}$컵

1 원두를 에스프레소용으로 분쇄한다.

2 이브릭에 물과 커피를 넣고 끓인다.

3 커피가 끓기 전 위에 고운 거품이 보이면 불을 끈다.

4 커피가루를 융 드리퍼로 거른 뒤 마신다.

TIP

이브릭에 커피를 끓일 때는 10분을 넘기지 않도록 하고 커피가 끓어 거품이 보이면 불을 끈 뒤 커피가루가 가라앉기를 기다렸다가 위의 커피만 마시면 됩니다. 터키식 추출 방법은 간편하지만 커피가루를 같이 마실 수도 있다는 단점이 있습니다. 융 드립에 사용하는 융 드리퍼로 커피가루를 거르면 좀 더 편하게 즐길 수 있습니다.

수프 끓이기

찬바람이 불면 따뜻한 국물 요리가 떠오릅니다. 아마 서양 사람들은 따뜻한 수프가 생각나지 않을까요? 햇빛이 뜨거웠던 한여름이 지나고 서늘한 가을바람이 불면 기다렸다는 듯이 수프를 끓입니다. 수프는 한 끼 식사라기보다 메인 메뉴를 먹기 전에 입맛을 돋우는 음식 정도로 생각하는 사람들이 많습니다. 하지만 계절의 재료를 듬뿍 넣어 정성 들여 만든 수프는 한 끼 식사로도 든든합니다.

수프는 우리나라의 국이나 죽과 비슷한 음식입니다. 국물을 내서 채소, 고기 등을 넣어 맑게 끓이거나 채소를 곱게 갈아 걸쭉하게 끓입니다. 큰 솥에 수프용 닭고기국물을 끓이는 날이면 셀러리와 양배추를 조금 넣고 닭살을 찢어 맑은 콩소메수프를 끓입니다. 후추를 살짝 넣으면 매콤하면서도 시원합니다. 콩소메수프는 채소, 두부, 고기를 넣어 끓이는 맑은 수프로 국물만 있으면 집에 있는 채소와 고기를 사용해 간단하게 만들 수 있습니다. 저는 보통 국물을 만들 때 나오는 고기를 사용합니다. 수프용 국물이 다 끓었으면 걸러서 식힌 뒤 냉장실에 두면 3일 정도는 보관이 가능합니다. 오래 보관할 수 없으니 바로 사용할 국물은 냉장실에 보관하고 나머지는 수프를 끓여서 냉동 보관합니다.

한 주가 시작되면 감자와 호박을 넣은 걸쭉한 수프를 끓입니다. 양파를 볶아서 감자를 넣고 끓이는 기본적인 감자수프를 만들거나 브로콜리, 양송이버섯, 옥수수 등을 섞어서 다양한 수프를 끓입니다. 한 솥 가득 끓여놓고 한 번 먹을 분량으로 나누어 냉동실에 보관하는데 바쁜 아침에 갓 구운 빵과 함께 데워서 내면 간편하면서 든든한 아침 식사가 됩니다. 아침에는 소화가 잘되는 부드러운 수프를 먹고 점심이나 저녁에는 든든한 수프를 먹습니다. 닭고기를 전분에 묻혀 버터에 굽다가 감자, 당근을 큼직하게 썰어 넣고 루, 크림, 국물을 넣고 걸쭉한 치킨크림스튜를 끓입니다. 닭고기와 채소의 풍부한 맛이 들어 있어 한 그릇만으로도 든든해집니다. 시간에 쫓기는 자취생이나 직장인에게도 수프를 추천합니다. 한 솥 가득 보글보글 끓여서 보관해두면 그때그때 데워서 먹기만 하면 되니 무척 간단하고 든든합니다. 건강에도 물론 좋은 요리입니다.

수프의 기본, 닭고기국물

수프를 만들 때는 기본이 되는 국물이 중요합니다. 맛있는 수프를 만드는 첫 번째 과정이지요. 수프를 끓이기 전에 기본 국물이 될 닭고기국물을 미리 만듭니다. 채소가 많이 들어가는 수프에 맛과 영양을 맞추기 위해 닭고기국물을 사용합니다. 더 간단하게 만들고 싶다면 국물을 생략하거나 치킨스톡을 사용하는 방법도 있습니다.

재료

닭 1마리, 물 5L, 통후추 20알

1 큰 냄비에 물을 붓고 손질한 닭과 통후추를 넣은 뒤 뚜껑을 열고 끓인다.

2 불순물을 제거하면서 국물이 뽀얗게 될 때까지 끓인다.

3 어느 정도 끓으면 불을 끄고 식힌 뒤 체에 거른다.

TIP

닭은 내장과 지방을 깨끗이 제거해야 잡냄새 없는 국물을 만들 수 있습니다. 이렇게 만든 닭고기국물은 향신료를 넣지 않아 한식부터 서양식까지 모든 요리의 국물로 활용할 수 있습니다. 국물을 내고 남은 닭은 살을 찢어서 다른 요리에 활용합니다. 닭고기국물은 냉장고에서 3일 정도 보관 가능하며 한 번 먹을 분량씩 팩에 담아 냉동실에 두었다 필요할 때 꺼내서 사용하면 됩니다. 냉동실에 보관할 때는 만든 날짜를 꼭 기입하고 한 달 이내에 사용합니다.

건강한 한 그릇, 감자수프

감자는 쉽게 구할 수 있는 식재료이자 생각보다 많은 영양소를 가진 작물입니다. 기관지를 보호해주고 위에도 좋고 충치 예방에도 도움을 준다고 알려져 있어요. 서양에서는 감기에 걸렸을 때 감자와 양파를 뭉근하게 끓여서 먹었다고 하니 겨울철 감기나 여름철 냉방병에 걸렸을 때도 감자수프 하나면 든든하겠지요. 감자수프는 가장 기본적인 수프이기 때문에 만드는 방법을 알아두면 감자 대신 다른 채소를 이용해서 쉽게 응용할 수 있습니다.

재료

감자 2개, 양파 $\frac{1}{2}$개, 닭고기국물 2컵, 우유 1컵, 버터 10g, 소금 약간, 후추 약간, 파슬리 다진 것 약간

1 감자는 껍질을 벗기고 2등분한 뒤 2cm 두께로 깍둑썰기 한다.

2 양파는 0.5cm 간격으로 채 썬다.

3 냄비에 버터를 녹인 뒤 채 썬 양파를 넣고 갈색이 될 때까지 볶는다.

4 양파가 어느 정도 볶아지면 감자와 닭고기국물을 넣고 끓인다.

5 감자가 익으면 한 김 식힌 뒤 핸드블렌더로 감자와 양파를 곱게 간다.

6 우유를 넣고 끓인 뒤 소금과 후추를 넣고 불을 끈다. 그릇에 담고 파슬리를 올린다.

TIP

감자를 다 익히지 않고 핸드블렌더로 갈면 텁텁한 맛이 납니다. 꼭 감자를 다 익혀주세요. 양파를 살짝 볶으면 양파의 향이 진해서 감자수프의 맛을 해칠 수 있으니 갈색이 날 때까지 충분히 볶습니다.

빵

남편은 6시쯤 일어나 7시 전에 집을 나섭니다. 일찍 일어나지만 준비하는 시간은 늘 바쁩니다. 바쁜 남편 덕분에 저도 덩달아 바빠지지요. 그래서 아침에는 빨리 만들 수 있는 빵요리를 선택합니다. 냉장고에 만들어둔 허니버터를 식빵에 발라서 구운 뒤 볶은 당근과 버섯을 올리고 달걀프라이를 곁들여 간단하게 토스트를 준비하지요. 아침 식사는 소화하기 쉽도록 고기나 질긴 채소보다 부드러운 어린잎이나 달걀을 사용하거나 채소를 잘게 썰고 볶아서 사용합니다.

세 가지 버터와 빵

버터에 다양한 재료를 넣어 만드는 홈메이드 버터와 빵입니다. 여러 종류의 버터를 만들어두면 빵을 구울 때 골라 먹는 재미도 있고 샌드위치를 만들 때는 빵에 발라서 굽기만 해도 다른 재료가 필요 없을 정도로 맛있어요.

| 갈릭버터

재료_ 버터(무염) 200g, 꿀 1큰술, 마늘 다진 것 1큰술, 소금 약간

만드는 법_ 1 버터는 부드러워질 때까지 실온에 둔다.
2 푸드프로세서에 버터와 꿀, 마늘, 소금을 넣고 섞는다.

| 바질버터

재료_ 버터(무염) 200g, 바질 10g, 설탕 1작은술, 소금 약간

만드는 법_ 1 버터는 부드러워질 때까지 실온에 둔다.
2 바질은 얇게 채 썬다.
3 푸드프로세서에 버터와 바질, 설탕, 소금을 넣고 섞는다.

| 허니버터

재료_ 버터(무염) 200g, 꿀 3큰술

만드는 법_ 1 버터는 부드러워질 때까지 실온에 둔다.
2 푸드프로세서에 버터와 꿀을 넣고 섞는다.

TIP

버터와 재료는 꽤 오래 섞어야 합니다. 원래 버터의 색보다 밝아지고 버터 알갱이가 보이지 않을 때까지 섞어야 완성입니다. 보관용기에 담아 냉장 보관했다 먹기 전 꺼내 실온에 잠시 두세요. 나이프로 자르거나 숟가락으로 모양을 내어 담습니다. 바게트에 갈릭버터를 바르고 파슬리 가루를 뿌린 뒤 오븐에 구우면 맛있는 갈릭브레드를 만들 수 있습니다.

허니버터
바질버터
갈릭버터

콩포트, 잼과 구운 빵

콩포트는 한 입 크기로 과육을 잘라 물, 설탕을 넣고 졸여서 만드는 프랑스식 디저트입니다. 잼과 비슷하지만 잼보다 설탕을 적게 넣어 과일 본연의 단맛이 살아 있습니다. 여러 가지 과일을 섞어서 만들기도 합니다. 콩포트는 갓 만든 상태에서 따듯하게 즐겨도 좋고 냉장고에 보관하여 차갑게 먹기도 합니다. 토마토로 잼과 콩포트를 만들어보았습니다.

| 토마토콩포트

재료_ 바게트 2조각, 대추토마토 20개, 설탕 40g, 물 $\frac{1}{2}$컵, 레몬즙 1큰술, 올리브유 적당량, 소금 약간

만드는 법_ 1 대추토마토는 꼭지를 떼고 위쪽에 칼집을 낸 뒤 끓는 물에 데쳐 껍질을 제거한다.
2 냄비에 대추토마토와 설탕, 물을 넣고 졸인다.
3 어느 정도 물이 졸면 레몬즙과 소금을 넣고 불을 끈다.
4 달군 주물 팬에 올리브유를 살짝 두르고 바게트를 웰던으로 굽는다.

| 사과시나몬잼

재료와 만드는 법은 p.47 참고

| 토마토잼

재료_ 토마토 3개, 설탕 100g, 레몬 $\frac{1}{4}$개즙

만드는 법_ 1 토마토는 꼭지를 떼고 위쪽에 십자 모양으로 칼집을 낸 뒤 끓는 물에 데쳐 껍질과 가운데 심지를 제거한다.
2 냄비에 손질한 토마토와 설탕을 넣고 뭉개면서 10분 정도 끓인다.
3 토마토가 한 덩어리로 뭉쳐지면 레몬즙을 넣고 불을 끄고 식힌다.

TIP

토마토는 껍질을 벗기지 않고 끓이면 과육이 따로 분리되고 비닐 같은 식감이 나서 소화가 잘 되지 않으므로 껍질을 꼭 제거합니다. 콩포트는 잼보다 설탕의 양은 줄이고 물을 넣는 것이 특징입니다. 물이 반쯤 졸아들면 불을 끄고 타지 않도록 계속 저어주세요.

토마토콩포트
사과시나몬잼
토머토잼

리코타무화과토스트

선선한 바람이 불어오면 무화과의 계절이 시작됩니다. 무화과를 올린 토스트를 카페에서 자주 볼 수 있는 시기이기도 합니다. 리코타를 얹은 무화과토스트는 리코타의 맛에 따라 달라집니다. 단맛과 짠맛의 조화를 잘 지켜서 리코타를 만들면 누구나 쉽게 리코타무화과토스트를 만들 수 있습니다.

재료_ 캉파뉴 2조각, 무화과 2개, 리코타 50g(p.104 참고), 꿀 1큰술, 버터 적당량, 호두 다진 것 약간, 크랜베리 말린 것 약간, 귀리 튀긴 것 약간, 슈가파우더 약간

만드는 법_
1 캉파뉴는 버터를 살짝 바르고 팬에서 웰던으로 굽는다.
2 무화과는 4등분한다.
3 구운 빵 위에 리코타를 골고루 바르고 무화과를 올린다.
4 무화과 위에 꿀과 슈가파우더를 골고루 뿌린 뒤 호두, 크랜베리, 귀리를 올린다.

TIP

구운 빵 위에 바로 리코타를 듬뿍 얹으면 빵이 눅눅해질 수 있으므로 바삭하게 구운 빵을 서로 기대어 한 김 식힌 뒤 리코타를 바릅니다.

달걀당근간장샌드위치

보통 달걀은 집에서 떨어지지 않는 재료입니다. 남편은 당근을 좋아하지 않지만 부드러운 모닝빵에 간장으로 간을 한 당근과 달걀로 속을 채운 이 샌드위치는 무척 좋아합니다. 10분이면 만들 수 있으니 바쁜 아침에 더없이 좋은 메뉴입니다.

재료_ 모닝빵 2개, 달걀 3개, 당근 $\frac{1}{2}$개, 간장 1큰술, 설탕 $\frac{1}{2}$작은술, 식용유 적당량, 파슬리 다진 것 약간

만드는 법_

1 당근은 5cm 크기로 자른 뒤 0.2cm 두께로 채 썬다.
2 볼에 달걀과 설탕을 넣고 거품기로 섞는다.
3 달군 팬에 식용유를 두르고 당근을 볶는다.
4 당근이 어느 정도 볶아지면 간장을 넣고 볶다가 달걀을 붓는다.
5 달걀이 몽글몽글해질 때까지 젓가락으로 섞으면서 볶다가 달걀이 익으면 불을 끄고 한 김 식힌 뒤 파슬리를 넣어 섞는다.
6 모닝빵에 가로로 칼집을 낸 뒤 **5**의 재료를 듬뿍 채운다.

TIP

모닝빵은 부드러운 상태로 먹는 것이 가장 맛있기 때문에 구입하고 바로 먹습니다. 바로 먹을 수 없다면 냉동실에 보관해두었다가 그때그때 오븐에서 살짝 구워 먹으면 됩니다. 칼집은 반쯤 넣어서 빵이 분리되지 않도록 주의합니다.

아보카도달걀샌드위치

아보카도는 비타민과 미네랄이 풍부한 건강 과일입니다. 부드러운 질감과 예쁜 연두색 덕분에 보기에도 무척 예쁘고요. 아보카도와 달걀의 조합은 밥 위에도, 빵 위에도 잘 어울려요. 빵에 버터를 바르고 아보카도를 올리거나 밥에 간장을 뿌리고 아보카도를 섞어 먹으면 건강하고 맛있는 한 끼를 만들 수 있지요.

재료_ 아보카도 1개, 호밀식빵 1쪽, 달걀 1개, 바질버터 10g(p.62 참고), 식용유 적당량, 소금 약간, 후추 약간, 레드페퍼 약간, 파르메산 간 것 약간

만드는 법_

1 아보카도는 2등분해서 씨를 빼고 껍질을 벗겨 0.5cm 두께로 자른다.
2 팬을 달군 뒤 바질버터를 골고루 바른 호밀식빵을 올려 바삭하게 굽는다.
3 팬을 달군 뒤 식용유를 두르고 달걀을 넣어 한쪽 면만 익힌다.
4 구운 호밀식빵 위에 아보카도, 달걀프라이를 올리고 소금과 후추, 레드페퍼, 파르메산을 살짝 뿌린다.

TIP

달걀프라이를 만들 때는 달걀노른자가 다 익지 않도록 한쪽 면만 익힙니다. 먹을 때 달걀노른자를 터트려서 소스처럼 먹으면 더 맛있게 먹을 수 있습니다.

버섯샌드위치

손으로 찢은 버섯을 양파와 함께 볶으면 마치 소고기를 먹는 것처럼 쫄깃하고 맛 또한 훌륭합니다. 빵 사이에 버섯을 넣고 치즈, 홀그레인머스터드로 맛을 낸 버섯샌드위치는 버섯을 싫어하는 사람들도 좋아할 수밖에 없는 메뉴예요.

재료_ 캉파뉴 2개, 느타리버섯 100g, 양파 $\frac{1}{4}$개, 홀그레인머스터드 $\frac{1}{2}$작은술, 고다 슬라이스 1장, 모차렐라 슬라이스 1장, 식용유 적당량, 소금 약간, 후추 약간, 어린잎채소 약간

만드는 법_

1 느타리버섯은 씻은 뒤 물기를 제거하고 손으로 가늘게 찢는다.
2 양파는 반으로 자른 뒤 세로로 0.5cm 두께로 채 썬다.
3 팬을 달군 뒤 식용유를 두르고 느타리버섯과 양파를 넣고 볶다가 소금, 후추를 넣는다.
4 양파가 투명해지면 불을 끄고 한 김 식힌다.
5 캉파뉴의 한 면에 홀그레인머스터드를 골고루 바른다.
6 다른 캉파뉴를 아래에 깔고 고다, 느타리버섯, 모차렐라를 순서대로 얹고 **5**의 캉파뉴로 덮는다.
7 그릴 팬을 달군 뒤 버섯샌드위치를 넣고 누름기로 누르면서 치즈가 녹을 때까지 굽는다. 기호에 따라 어린잎채소를 곁들인다.

TIP

버섯을 볶을 때는 간간할 정도만 간을 합니다. 홀그레인머스터드와 치즈에도 염분이 있어서 간을 많이 하면 짤 수 있으니 주의하세요. 고다나 모차렐라가 없다면 다른 치즈로 대체해도 됩니다.

수프

수프를 끓이는 기본적인 방법만 알고 있다면 재료에는 연연하지 않아도 됩니다. 우리네 된장국이 집집마다 다르듯 수프 또한 다른 집과 같지 않아도 되거든요. 때로는 닭고기국물만을 사용해 채소수프를 만들고 당근과 감자를 함께 넣고 크림스튜를 만들거나 조개와 셀러리를 넣어 든든한 수프를 만들며 자신만의 다양한 스타일에 도전해보면 좋겠어요. 그렇게 만드는 저의 수프는 어쩌면 전통적인 레시피와는 다를 수도 있습니다. 그저 좋아하는 재료를 조금 더 넣고 싫어하는 재료를 빼서 뭉근하고 따뜻하게 끓이는 요리에요.

토마토당근셀러리수프

동생은 제가 만든 토마토당근셀러리수프를 가장 좋아합니다. 어쩌면 토마토가 제일 맛있는 계절에 끓여서 그런 것인지도 모르지만 피곤하거나 지칠 때는 언니의 토마토당근셀러리수프가 먹고 싶다고 하니 정성을 다해 매콤하게 끓여줍니다. 힘이 나길 바라는 마음까지 수프에 함께 담지요.

재료_ 토마토 2개, 당근 $\frac{1}{2}$개, 셀러리 1개, 토마토페이스트 1큰술, 페퍼론치노 3개, 닭고기국물 3$\frac{1}{2}$컵(p.57 참고), 올리브유 1큰술, 설탕 $\frac{1}{2}$작은술, 소금 약간, 후추 약간, 파슬리 다진 것 약간

만드는 법_

1 토마토는 십자로 칼집을 내고 끓는 물에 데쳐 껍질을 제거한 뒤 심지와 꼭지를 떼어내고 4등분한다.
2 당근은 2cm 크기로 자르고 셀러리는 잎을 떼고 겉의 섬유질을 채칼로 제거한 뒤 1cm 두께로 자른다.
3 냄비에 올리브유를 두르고 손질한 토마토, 당근, 셀러리와 토마토페이스트, 페퍼론치노를 넣고 볶다가 닭고기국물을 부어 당근이 익을 때까지 끓인다.
4 당근이 익으면 한 김 식힌 뒤 핸드블랜더로 3의 재료를 곱게 간다.
5 곱게 간 수프를 한 번 더 냄비에서 끓인 뒤 설탕, 소금, 후추를 넣는다. 기호에 따라 파슬리를 올린다.

TIP

매콤한 토마토수프를 좋아해서 페퍼론치노를 넣었습니다. 아이가 먹거나 매콤한 맛을 좋아하지 않는다면 페퍼론치노를 생략하면 됩니다.

감자양송이수프

감자양송이수프는 엄마의 곰국 같은 음식입니다. 어릴 적 엄마가 집을 오래 비우실 때면 곰국이나 미역국을 한 솥 가득 끓여놓곤 하셨는데 지금 생각해보니 엄마가 없는 동안 끼니를 거르지 말라는 걱정의 마음이 담겨 있었네요. 저도 집을 오래 비울 때면 그때의 엄마처럼 남편의 아침이 걱정되어 감자양송이수프를 한 솥 끓입니다. 든든하게 식사를 하고 출근하기를 바라는 마음을 가득 담아서요.

재료_ 감자 3개, 양파 $\frac{1}{2}$개, 양송이 4개, 버터 15g, 닭고기국물 3컵(p.56 참고), 우유 $\frac{1}{2}$컵, 체다 슬라이스 1장, 소금 약간, 후추 약간, 올리브유 약간

만드는 법_

1 감자는 껍질을 제거한 뒤 4등분한다.
2 양파는 껍질을 제거한 뒤 0.2cm 두께로 채 썬다.
3 양송이는 0.2cm 두께로 채 썬 뒤 다진다.
4 냄비에 버터를 녹이고 채 썬 양파를 넣고 갈색이 될 때까지 볶는다.
5 양파가 갈색이 되면 양송이를 넣고 볶는다.
6 감자와 닭고기국물을 넣고 감자가 익을 때까지 끓인다.
7 감자가 익으면 한 김 식힌 뒤 핸드블렌더로 곱게 간다.
8 우유와 체다를 넣고 한 번 더 끓인 뒤 소금, 후추로 간한다. 올리브유를 살짝 떨어트린다.

TIP

깊은 맛을 내기 위해 양파는 갈색이 될 때까지 볶습니다. 중간중간 물을 1큰술씩 넣으면 타지 않습니다. 우유와 체다를 넣고 한 번 더 끓일 때는 너무 오래 끓이지 말고 치즈가 녹을 때까지만 끓입니다. 우유 대신 생크림을 넣으면 수프가 좀 더 부드러워집니다.

단호박아몬드수프

미니 단호박과 아몬드를 넣은 이 메뉴는 미니 단호박 고유의 달콤한 맛과 아몬드의 고소한 맛이 살아 있습니다. 담백한 호밀빵을 곁들여서 먹으면 풍미가 더욱 진해지니 좋아하는 빵을 골라서 빵과 수프의 어울림을 함께 즐겨보세요.

재료_ 미니 단호박 1통, 아몬드 150g, 물 1컵, 우유 $2\frac{1}{2}$컵, 꿀 1큰술, 소금 약간, 후추 약간, 크루통 6개, 파르메산 간 것 약간

만드는 법_

1 미니 단호박은 2등분해서 씨를 제거하고 세로로 5cm 간격으로 자른 뒤 껍질을 제거하고 다시 3cm 크기로 자른다.
2 냄비에 미니 단호박과 아몬드, 물을 넣은 뒤 주걱으로 뭉개면서 끓인다.
3 미니 단호박이 완전히 뭉개지면 불을 끄고 우유를 넣은 뒤 핸드블렌더로 곱게 간다.
4 수프를 한 번 더 끓인 뒤 꿀과 소금을 넣는다.
5 크루통과 파르메산을 올린 뒤 후추를 뿌린다.

TIP

미니 단호박은 단호박의 종류 중 하나로 일반 단호박보다 당도가 높아 수프로 만들기 좋습니다. 미니 단호박은 꼭지가 와인코르크처럼 말라 있는 것이 당도가 높습니다. 꼭지나 줄기에 생기가 있다면 충분히 익지 않은 것이므로 조금 더 보관했다가 먹습니다. 미니 단호박을 전자레인지에 넣고 4~5분 정도 익히면 부드러워져서 껍질을 쉽게 제거할 수 있습니다.

모둠채소수프

요리를 만들다 보면 냉장고에 이런저런 채소들이 조금씩 남아 있는 일이 많습니다. 주부라면 이 재료들을 절대 버릴 수 없지요. 남은 재료로 볶음밥을 만들기도 하지만 채소수프를 끓일 때도 있습니다. 그런데 이것저것 남는 채소를 넣은 수프가 생각보다 무척 맛있답니다. 레시피의 채소가 아니더라도 다양한 채소를 활용할 수 있고 닭고기국물을 만들고 남은 닭고기를 넣으면 더 든든하게 먹을 수 있습니다.

재료_ 당근 $\frac{1}{4}$개, 그린빈 4개, 셀러리 $\frac{1}{2}$개, 양배추 $\frac{1}{8}$통, 브로콜리 5개, 대추토마토 4개, 닭고기국물 3컵(p.57 참고), 소금 약간, 후추 약간

만드는 법_

1 당근은 반으로 자른 뒤 1cm 크기로 자르고 그린빈은 3cm 두께로 자른다.
2 셀러리는 겉 섬유질을 채칼로 제거한 뒤 1cm 간격으로 자른다.
3 양배추는 가로세로 2cm 크기로 자른다.
4 브로콜리는 머리 부분을 가위로 자른다.
5 대추토마토는 십자 모양으로 칼집을 내어 끓는 물에 데친 뒤 껍질을 벗긴다.
6 냄비에 닭고기국물을 넣고 끓인다.
7 국물이 끓으면 손질한 채소를 모두 넣고 푹 익을 때까지 끓인다.
8 마지막에 소금과 후추로 간한다.

TIP

채소수프는 채소가 충분히 익을 때까지 끓이는 것이 중요합니다. 채소의 아삭한 식감이 없어질 때까지 끓여주세요. 채소에서 나온 다양한 맛이 국물과 어우러져야 더 맛있어요.

조개스튜

거제에서는 서울보다 저렴한 가격에 조개를 구입할 수 있습니다. 다양한 종류의 조개를 가득 넣고 끓이는 조개스튜는 거제에서 더 맛있게 즐길 수 있는 요리지요. 스튜를 먹고 남은 국물에 파스타를 넣으면 조개의 향이 풍부한 봉골레파스타까지 즐길 수 있습니다.

재료_ 바지락 12개, 대합 1개, 가리비 1개, 셀러리 $\frac{1}{2}$개, 올리브유 2큰술, 마늘 다진 것 1작은술, 화이트와인 1큰술, 물 2컵, 소금 약간, 후추 약간, 딜 약간

만드는 법_
1 조개는 모두 소금물에 넣어 해감한 뒤 깨끗이 씻는다.
2 셀러리는 겉 섬유질을 채칼로 제거한 뒤 0.5cm 간격으로 자른다.
3 냄비에 올리브유와 마늘을 넣고 달군 뒤 손질한 조개와 셀러리를 넣고 볶는다.
4 조개가 입을 벌리기 시작하면 조개 위로 화이트와인을 둘러준 뒤 조개 입이 완전히 벌어질 때까지 센불에서 볶는다.
5 물을 넣고 끓인 뒤 마지막으로 소금과 후추로 간한다.
6 딜로 장식한다.

TIP

조개는 살아 있을 때 물 1L에 소금 3큰술을 넣은 소금물에 담근 뒤 검은 비닐봉지를 씌워 반나절 정도 해감한 다음 흐르는 물에 깨끗이 씻습니다. 죽은 조개는 이물질을 뱉어내지 않으니 살아 있는 조개를 구입한 즉시 해감하고 바로 사용하지 않는다면 냉장고에서 보관합니다.

토마토조개스튜

'토마토가 빨갛게 익으면 의사의 얼굴이 파랗게 된다'는 유럽 속담이 있습니다. 그 정도로 토마토에는 영양소가 풍부합니다. 생으로 먹을 때보다 볶거나 끓이는 등 열을 가하면 그 영양소가 우리 몸에 흡수가 잘 됩니다. 특히 과음을 하고 난 다음에 토마토를 넣은 조개스튜를 먹으면 해장용으로 아주 좋습니다. 남편의 회식 다음 날, 일어나자마자 토마토를 씻는 이유는 그 때문입니다.

재료_ 바지락 10개, 대합 1개, 토마토 2개, 올리브유 2큰술, 마늘 다진 것 1작은술, 페퍼론치노 3개, 화이트와인 1큰술, 물 $1\frac{1}{2}$컵, 소금 약간, 후추 약간, 셀러리 잎 다진 것 약간

만드는 법_

1 조개들은 소금물에 넣어 해감한 뒤 깨끗이 씻는다.

2 토마토는 끓는 물에 데친 뒤 껍질을 벗기고 꼭지와 심지를 자르고 1cm 크기로 자른다.

3 냄비에 올리브유와 마늘을 넣고 달군 뒤 페퍼론치노와 해감한 조개를 넣고 볶는다.

4 조개가 입을 열면 조개 위로 화이트와인을 두르고 토마토를 넣고 볶다가 물을 넣고 끓인다.

5 소금, 후추로 간한다. 셀러리 잎을 올린다.

TIP

토마토조개스튜를 만들 때는 빨갛게 익은 토마토를 사용합니다. 냄비에 올리브유를 넣고 달군 뒤 마늘 다진 것을 넣으면 마늘이 잘 타버리니 처음부터 같이 넣습니다. 화이트와인은 조개의 비린내를 없애주고 맛을 풍부하게 해주지만 많이 넣으면 쓴맛이 날 수 있으므로 적당하게 사용합니다.

셋.

점심의 샐러드와 밥 한 그릇

Marshall

숲을 산책한 다음에 남은 집안일을 하고 책을 뒤적거리다 보면
금방 점심때가 됩니다. 혼자 있어도 배꼽시계는 얼마나 정확한지
무서울 정도지요. 식사를 준비하기 전에 냉장고와 재료 바구니를 뒤적이며
무엇을 먹을까 고민합니다. 어떤 재료가 있는지, 어떤 재료가 남았는지
미리 생각하지 않을 수 없어요. 지금 먹지 않거나
저녁에 사용하지 않으면 버리는 재료들이 꼭 하나씩은 있거든요.
조금씩 남은 자투리 채소도 있고 유통기한이 오늘까지인 두부가 있네요.
손질해둔 파도 있고요. 밥을 짓고 달군 팬에 기름을 넉넉히 두르고
파를 볶다가 돼지고기와 갖은 양념, 두반장소스를 넣고
두부를 잘게 잘라 마파두부를 만들어요. 밥을 고슬고슬하게 담고
그 위에 마파두부를 얹으면 간단하게 한 그릇이 완성되지요.
오전에 바빴거나 아침을 거른 날에는 점심에 밥을 먹는 편이에요.
대부분 팬이나 냄비에 넣고 한 번에 요리할 수 있는 메뉴를 만듭니다.
금방 만들 수 있고 다양한 재료를 사용할 수 있거든요.
닭고기국물과 카레가루를 함께 끓이고 호박, 가지, 연근 등 자투리 채소를
구워 밥 위에 올린 다음 카레를 얹으면 금방 카레 한 그릇이 만들어집니다.
월요일에는 일주일 동안 먹을 샐러드 채소를 손질해두고 일주일 내내
활용합니다. 손질한 채소를 그릇에 소복하게 담고 버섯 구운 것과
정육각형으로 잘라서 구운 소고기, 오리엔탈드레싱을 뿌리면 간단하고도
든든한 점심 식사가 돼요. 아침에 먹고 남은 모닝빵이 있다면
고기와 채소를 넣어 샌드위치처럼 먹어도 좋아요.
냉장고에 있는 재료를 활용하기 때문에 레시피에서 빠지는 재료도 있고
추가되는 재료도 있습니다. 꼭 레시피대로 만들지 않아도 괜찮아요.

냉장고에 있는 재료를 넣어 뚝딱 만들다 보면
저만의 레시피가 생기기도 하고 새로운 조합과 맛을 발견하기도 해서
혼자 먹는 점심이지만 항상 재미있습니다.

샐러드를 위한 채소 준비

샐러드는 신선도가 가장 중요합니다. 식당에 가서 샐러드를 시켰을 때 가장자리가 붉게 변한 양상추, 수분 없이 마른 채소가 나오면 기분이 좋지 않잖아요. 보관을 잘못하거나 손질을 잘못하면 그렇게 됩니다.

양상추는 잘라두면 신선도가 급격하게 떨어지기 때문에 통째로 보관하거나 손으로 반을 쪼개어서 보관합니다. 칼로 자르면 칼에 닿은 부분이 금방 누렇게 변해서 빨리 상해버리므로 요리하기 직전에 자르거나 손으로 찢어서 사용합니다. 양상추는 찢어서 얇게 채 썬 오이, 적양파를 넣고 기본 샐러드를 만들거나 닭튀김을 먹을 때 얇게 채 썰어서 곁들이면 좋아요.

자주 먹는 잎채소인 치커리, 비트잎, 로메인은 키친타월로 가볍게 싼 뒤 물을 뿌려 밀폐용기에 보관합니다. 5일 이내에 먹는다면 먹기 좋은 크기로 자른 뒤 식초를 넣은 찬물에 담가두었다가 물기를 빼고 채반이 있는 밀폐용기에 보관하세요. 식초 덕분에 채소가 신선하게 유지되니 사용할 때마다 조금씩 꺼내면 됩니다. 잎채소를 한가득 손질해두면 닭가슴살을 찢어서 곁들이거나 삶은 새우를 얹거나 기분에 따라 딸기, 오렌지, 키위 같은 과일을 넣고 새콤한 이탤리언드레싱을 뿌려서 먹기 좋아요.

양배추는 겉잎을 떼고 그 겉잎으로 감싼 뒤 랩으로 싸서 보관해요. 양배추 밑동에 적신 솜을 같이 넣으면 오랫동안 신선하게 보관할 수 있어요. 양배추는 2cm 크기로 잘라 소금과 후추로 간한 뒤 살짝 볶아서 익힌 연어살을 넣고 깨드레싱을 뿌려 먹어요. 양배추는 익혀도 무척 맛있어서 자주 볶아서 먹어요.

파프리카는 채 썰어 샐러드에 곁들이는데 물기가 있으면 금방 물러져서 상해버리니 물기를 깨끗이 닦아서 냉장고에 보관해요. 파프리카를 생으로 먹는 것이 싫다면 뜨거운 물에 적신 라이스페이퍼에 자른 파프리카를 3~4개씩 넣고 돌돌 말아 참깨드레싱에 찍어 먹으면 맛있게 먹을 수 있어요.

샐러드에는 어떤 재료가 들어가도 모두 잘 어울려요. 신선한 채소와 좋아하는 재료만 있다면 든든하고 무궁무진한 샐러드의 세계를 만날 수 있답니다.

샐러드의 친구, 드레싱

요즘 마트에 가면 한 칸 가득한 드레싱을 볼 수 있어요. 오리엔탈드레싱, 키위드레싱, 파인애플드레싱, 발사믹드레싱, 참깨흑임자드레싱, 아일랜드드레싱, 이탤리언드레싱, 요구르트드레싱 등 그 종류가 엄청나지요. 라면 맛이 회사마다 다르듯 똑같은 이름의 드레싱이라도 회사마다 맛이 달라 입맛에 맞는 드레싱을 고르기만 하면 됩니다. 하지만 드레싱은 집에서도 쉽게 만들 수 있으니 홈메이드에 도전해 보기를 추천합니다.

드레싱은 크게 마요네즈가 들어간 드레싱과 프렌치드레싱으로 나뉩니다. 집에서 드레싱을 만들 때도 이 두 가지로 구분하는데 저는 주재료를 어떤 방식으로 요리했는지에 따라 곁들일 드레싱을 선택합니다. 닭튀김이나 새우튀김 등 기름을 사용한 튀김 요리에는 상큼한 맛의 요구르트드레싱이 어울려요. 요구르트, 마요네즈, 소금, 후추, 레몬즙, 마늘 다진 것, 피클 다진 것을 섞어서 만든 상큼한 요구르트드레싱과 같이 먹으면 튀김도 느끼하지 않아요. 이 드레싱은 감자튀김과도 잘 어울려요. 살찌는 건 나중에 생각하기로 해요.

굽거나 데쳐서 먹는 담백한 요리에는 프렌치드레싱을 곁들여요. 프렌치드레싱은 오일과 식초로 만든, 분리되어 있는 드레싱을 말하는데 먹기 전에 잘 섞어야 해요. 삶은 새우나 데친 오징어를 곁들이는 해산물샐러드에 올리브유, 레몬즙, 양파 다진 것, 셀러리 다진 것, 마늘 다진 것, 꿀, 소금, 후추를 넣어 섞은 이탤리언드레싱을 같이 먹으면 상큼하고 깔끔해서 해산물과 잘 어울리지요.

집에 드레싱 재료가 없다면 올리브유, 식초, 소금, 후추, 꿀을 섞어 넣고 샐러드 채소를 가볍게 버무린 뒤 접시에 담고 파르메산치즈를 살짝 갈아서 올려보세요. 특별한 드레싱이 없어도 맛있는 샐러드를 만들 수 있어요.

은은한 감칠맛, 유자드레싱

겨울이 되면 거제는 유자 수확이 한창입니다. 겨울철에만 먹을 수 있는 생과는 해산물과 고기 요리에 사용하거나 손질해서 유자청을 만들어요. 유자청을 만들어두면 일 년 내내 유자를 먹을 수 있습니다. 보통은 차로 마시지만 유자드레싱을 만들어서 닭고기샐러드에 뿌리거나 홍합, 오징어, 대파를 넣은 해산물샐러드에 뿌리면 유자의 향이 은은한 샐러드를 맛볼 수 있어요.

유자청 만들기

재료_ 유자 10개, 설탕(손질한 유자 무게와 동량)

만드는 법_ 1 유자는 베이킹소다로 문질러 씻은 뒤 식촛물에 행궈 물기를 제거한다.

2 유자의 꼭지를 자르고 가로로 반 갈라 씨를 빼고 껍질의 흰 부분은 칼로 도려낸다.
3 껍질과 과육을 잘게 썬 뒤 푸드프로세서에 간다.
4 **3**의 무게와 동일한 양의 설탕을 넣고 섞은 뒤 소독한 병에 담는다.

TIP

유자껍질을 따로 썰어서 담는 것보다 갈아서 만들면 향이 더 짙어 맛있습니다.

재료

유자청 2큰술, 식초 2큰술, 올리브유 3큰술, 소금 약간

1 작은 볼에 유자청을 넣는다.

2 식초와 올리브유, 소금을 넣고 섞는다.

TIP

유자드레싱은 1시간 정도 숙성시킨 뒤에 먹어야 더 맛있습니다. 재료가 잘 어우러져서 깊은 맛이 나지요. 유자드레싱은 만든 뒤 냉장 보관하고 3일 이내에 먹는 것이 좋습니다. 먹기 전에 미리 꺼내서 오일이 잘 섞이도록 합니다.

한식과 최고 궁합, 오리엔탈드레싱

간장이 들어가 한식 요리에 잘 어울리는 드레싱입니다. 프렌치드레싱의 기본인 기름과 식초에 각자의 취향에 따라 참기름, 양파, 당근, 데리야키 등을 더해서 만들면 됩니다.

재료

간장 2큰술, 올리브유 3큰술, 마늘 다진 것 1작은술, 꿀 1큰술, 식초 1작은술, 레몬즙 1큰술, 깨 1큰술, 소금 약간, 후추 약간

1 작은 볼에 간장과 올리브유를 넣는다.

2 마늘, 꿀, 식초, 레몬즙, 깨, 소금, 후추를 순서대로 넣고 잘 섞는다.

TIP

올리브유는 실온에서 보관하며 식초와 올리브유가 분리되지 않도록 잘 섞는 것이 중요합니다. 미리 소금은 식초에 녹여두면 더 잘 섞입니다. 올리브유가 없다면 포도씨유 같은 다른 식용유를 사용해도 됩니다.

맛있는 샐러드 토핑, 리코타

샐러드는 채소가 주재료지만 어떤 토핑을 더하느냐에 따라 맛이 달라집니다. 리코타는 채소 샐러드의 맛을 업그레이드해주는 최고의 토핑입니다. 사서 먹어도 좋지만 집에서도 쉽게 만들 수 있습니다. 다른 첨가물이 들어가지 않아서 건강한 치즈를 먹고 싶은 분들에게 추천합니다. 만드는 방법을 알고 나면 너무나 간단해서 리코타가 들어가는 요리에 더 관심을 가지게 될 지도 모릅니다.

재료

우유 1L, 생크림 $2\frac{1}{2}$컵, 레몬 1개, 설탕 1큰술, 소금 1작은술

1 레몬을 반으로 자른 뒤 즙을 짠다.

2 냄비에 우유, 생크림, 설탕, 소금을 넣고 섞은 뒤 끓인다.

3 거품이 끓어오르면 레몬즙을 시계 방향으로 붓고 주걱으로 2바퀴 돌린 뒤 15초 정도 끓이다가 불을 끈다.

4 **3**의 끓인 우유를 한 김 식히고 면포에 거른다.

5 면포를 묶은 뒤 누름돌로 눌러 냉장 보관한다.

6 하룻밤 지나면 단단하게 굳는다.

TIP

우유 거품이 생각보다 빨리, 많이 부풀어 오르므로 넉넉한 냄비를 사용합니다. 우유가 끓은 뒤에 레몬즙을 넣고 많이 저으면 치즈가 잘 응고되지 않을 수 있으니 주의합니다. 리코타는 수분을 빼는 시간에 따라 질감이 달라집니다. 면포로 거른 뒤 누름돌로 5~10분 정도 눌러주면 수분이 많지만 흐르지 않고 펴 바를 수 있는 질감이 되고 6~7시간 정도 눌러주면 단단하고 쫀득한 질감이 됩니다. 누름돌로 눌러 둔 리코타는 계절에 상관없이 밀봉한 뒤 냉장고 안에 넣어야 합니다.

밥짓기

밥이라는 것은 참 쉬우면서도 어려워요. 처음 일식을 배웠을 때 쌀의 종류와 익힘 정도에 따라 같은 쌀이라도 맛에 엄청난 차이가 있다고 하더라고요. 밥을 짓는 방법은 다양하고 여러 단계를 거쳐야 합니다. 우리는 쌀을 주식으로 하고 있으니 밥은 그저 반찬, 국과 같이 먹는 단순한 음식일 수도 있지요. 최근에는 인스턴트 밥도 맛있게 나와서 더욱 밥의 중요성을 깊게 생각하지 않습니다.

관리를 잘하지 못한 묵은쌀과 햅쌀로 밥을 지어보면 큰 차이를 느낄 수 있어요. 밥의 향이나 점도, 윤기, 맛에서 확연하게 차이가 나요. 맛있는 음식을 만들기 위해 좋은 재료가 필요하듯 맛있는 밥을 위해서는 맛있는 쌀이 필요하지요. 쌀은 쌀알이 깨지지 않고 투명하며 윤기가 있는 것을 고릅니다. 하지만 그 기준이 모호하고 분별할 수 없을 때가 많아 우유를 살 때 유통기한을 확인하는 것처럼 쌀의 도정날짜와 생산년도를 확인해야 합니다. 제일 좋은 쌀은 그해 생산하고 도정한 지 얼마 되지 않은 쌀입니다. 품종에 따라 찰기나 윤기가 다르지만 밥 또한 고슬고슬하게 먹는 사람, 질게 먹는 사람, 되게 먹는 사람이 있으므로 여러 품종을 구매해보고 입맛에 맞는 쌀의 품종을 기억해둡니다. 보관할 때는 불투명한 용기에 넣어 서늘하고 어두운 곳에서 보관하고 쌀 안에 다시마를 넣어두면 제습 효과가 있어 좋은 상태로 유지할 수 있습니다.

저희 집은 잡곡밥을 자주 먹습니다. 흰쌀밥이 필요할 때 외에는 꼭 현미를 넣거나 귀리, 보리를 넣어 밥을 지어요. 잡곡을 자주 먹지 않는다면 잡곡과 쌀의 비율을 1:9로 섞어서 충분히 불린 뒤 밥을 지어요. 잡곡은 흰쌀보다는 소화가 잘되지 않아 꼭꼭 씹어야 하므로 불려주는 시간이 더 필요해요. 저는 잡곡과 쌀의 비율을 2:1로 넣어 잡곡의 거친 식감이 살아 있는 밥을 짓습니다. 취향에 맞게 잡곡을 조금씩 넣어서 비율을 맞추면 됩니다.

밥이 주재료인 요리를 할 때는 특히 밥에 신경을 씁니다. 주먹밥용 밥을 할 때는 밥 자체에 간을 하는데 주로 다시마를 우린 물에 소금을 약간 넣어 밥을 짓습니다. 간간한 밥물이 쌀 안에 스며들어 밥만 먹어도 맛있어요. 오므라이스나 덮밥용 밥은 소스나 질척한 재료를 얹기 때문에 밥물을 평소보다 적게 넣어 찰기가 거의 없는 고슬고슬한 밥을 짓습니다.

그때그때 밥을 짓지 못할 때가 있어요. 전기압력밥솥에 밥을 지어 전자레인지 사용이 가능한 용기에 1인분씩 나누어 냉동실에 보관해두었다가 필요할 때 데워서 먹어요. 환경보호를 위해 재사용이 가능한 용기에 담아둡니다.

맛있고 예쁜, 주먹밥 빚기

어릴 적 엄마는 소풍을 갈 때마다 김을 뭉쳐서 주먹밥을 만들어주셨어요. 정말 맛있었지요. 지금은 아무리 해도 그때의 맛이 나지 않네요. 주먹밥을 만들 때는 밥 사이에 재료를 넣기도 하고 아예 재료를 섞어서 만들기도 해요. 무엇이든 넣어서 조물조물 만들어보세요. 무엇을 넣든 맛있는 주먹밥이 완성될 거예요.

재료(1개 분량)

밥 1공기, 김 $\frac{1}{4}$장, 소금 약간, 설탕 약간

1 나무 볼에 밥을 넣고 소금, 설탕을 넣어 간을 한다.

2 간이 잘 배도록 골고루 섞는다.

3 랩 위에 밥을 올리고 손으로 주먹밥 모양을 만든다.

4 뒷면을 잘 다듬은 뒤 랩을 벗긴다.

5 김을 붙인다.

TIP

국물 요리를 할 때는 다른 재료를 넣지 않은 작은 주먹밥을 만들어 같이 내놓습니다. 밥을 따로 담는 것보다 모양도 예쁘고 밥알이 엉겨 있어 국물과 먹으면 더 맛있습니다.

오므라이스에 올리는, 매끈한 달걀부침

노랗고 포슬포슬한 달걀은 오므라이스를 더 맛있게 만들어줍니다. 달걀을 섞어서 소금으로 간을 하고 잠시 놔두면 노랗게 변하는데 그때 달걀을 익혀요. 포슬포슬한 달걀을 살짝 올린 오므라이스를 먹으면 고소하면서도 진한 맛에 한 끼의 식사가 더욱 특별해집니다.

재료

밥 1공기, 달걀 2개, 소금 약간, 식용유 적당량

1 작은 볼에 달걀과 소금을 넣고 젓가락으로 저어서 푼다.

2 팬에 식용유를 두르고 중불에서 달군 뒤 달걀물을 붓는다.

3 젓가락으로 저으며 모양을 잡는다.

4 모양을 만든 뒤 약불에서 한쪽 면만 익힌다.

5 접시에 밥을 담고 달걀을 덮는다.

TIP

팬에 달걀물을 부은 뒤 빠르게 젓가락으로 저으면서 모양을 만듭니다. 센불에서 익히면 아래쪽이 탈 수 있으니 중불에서 젓가락과 팬을 돌려가며 모양을 잡고 모양이 잡히면 약불로 줄여서 익힙니다.

혼밥을 위한 밑반찬

우리 집에는 채소를 담아두는 채소 선반이 있어요. 보통 감자, 당근, 무가 들어 있고 계절에 따라 봄동, 얼갈이배추, 우엉, 고추, 호박 등이 자리를 차지하고 있지요. 채소 선반은 부엌 끝 잘 보이는 곳에 자리를 잡았습니다. 냉장고에 보관하면 잊어버리는 일이 종종 있거든요. 채소 선반이 눈에 잘 보이니 채소를 더 많이, 버리지 않고 먹게 되는 것 같아요.

혼자서 밥을 먹다 보면 이것저것 꺼내기가 귀찮아져서 최대한 단출하게 먹게 되고 그러다 보면 결국 김치와 밥만 있는 식탁이 되기도 해요. 항상 채소 선반에 있는 감자와 당근을 하나씩 꺼내서 감자를 채 썰고 살짝 데친 뒤 당근과 같이 볶아서 감자볶음을 만들고, 감자 데친 물을 다시 끓여 양배추를 쪄서 양배추쌈을 준비해요. 멸치볶음이 먹고 싶은 날에는 밥을 하는 동안 흐르는 물에 잔멸치를 씻고 팬에 간장과 올리고당, 마늘, 호두를 넣어서 멸치볶음을 만듭니다. 밥이 되는 동안 두세 가지 따뜻한 반찬을 만들어 식탁에 올립니다.

언제 먹어도 맛이 변함없는 절임이나 김치도 냉장고에 항상 보관해둡니다. 깻잎절임과 부추절임, 쪽파절임 등은 한 달 정도는 냉장 보관이 가능해요. 거의 한 달을 넘기지 못하고 다 먹어버리지만요. 양식에 곁들일 절임도 만들어두어요. 가끔은 간편하게 파스타나 카레를 만드는데 밑반찬으로 오이, 당근, 양파, 후추, 월계수잎을 넣은 피클과 토마토와 과일 껍질을 넣은 토마토피클, 양배추를 얇게 채 썬 뒤 소금에 문질러 만든 사우어크라우트 등을 함께 준비하지요. 사우어크라우트는 일주일 정도 냉장보관이 가능하고 피클 종류는 소독한 병에 넣어 두면 한 달 정도 냉장보관이 가능해요. 소시지, 빵, 달걀을 구워서 피클을 함께 내면 간단하면서도 맛있는 브런치 메뉴도 만들 수 있어요.

혼자라도 카페처럼

요즘 카페에 가면 커피와 함께 예쁜 팬케이크, 보들보들한 프렌치토스트, 귀여운 주먹밥 등 다양한 종류의 음식을 함께 판매하더라고요. 마음에 드는 카페를 모두 방문해보고 싶지만 매번 다른 카페를 갈 수도 없고 추운 날에는 홈카페가 더 실용적이라는 생각에 집에서 이런저런 메뉴에 도전해봅니다. 제가 먹는 것이 아니라 손님에게 대접한다는 마음으로 요리를 만들어요. 홈카페에서 저는 손님이면서 사장인 것이지요.

식탁을 정리하고 예쁜 소품을 올려요. 좋아하는 음악도 틀고요. 햇볕이 좋은 날은 블라인드를 반쯤 열어 빛이 집안으로 은은하게 들어오도록 조절해요. 날씨가 흐린 날은 작은 조명을 켜서 분위기를 연출하지요. 거창한 소품이 없어도 그날의 빛과 음악만으로 충분히 분위기를 낼 수 있어요. 이제 카페 메뉴를 만들어야지요. 프렌치토스트가 먹고 싶은 날은 미리 사둔 미니 식빵을 달걀물에 적셔 버터에 구워요. 빵을 굽는 동안 오늘의 요리에 어울리는 접시나 좋아하는 접시를 준비해둡니다. 구운 빵을 예쁘게 모양 잡아 접시에 담고 딸기나 블루베리, 바나나를 올린 뒤 그 위에 슈가파우더도 조금 뿌려주고요. 손님을 위한 메뉴라는 마음으로 예쁘게 만들어요.

커피와 완성된 프렌치토스트를 들고 식탁으로 돌아와 식탁매트, 식기를 단정하게 놓고 음식이 담긴 접시를 놓습니다. 이제 손님이 되어 여유롭게 커피를 마시는 시간이에요. 저는 이 시간을 좋아해요. 여럿이서 복닥거리며 함께 먹는 저녁 식사도 좋지만 늦은 아침이나 이른 오후, 좋아하는 노래를 들으며 일부러 말하지 않아도 되고 억지로 웃지 않아도 되는 차분한 식사 시간을 보내면 좋은 기운을 얻는 것 같아요. 혼자 먹는 것이니 아무 접시나 꺼내서 얼룩덜룩하게 구운 빵을 담고 과일을 듬성듬성 잘라서 올려 먹어도 괜찮아요. 하지만 그 시간을 좀 더 즐기기 위해 예쁘고 맛있게 차려 먹는 것은 어떨까요. 보기 좋은 떡이 먹기도 좋다고 하잖아요.

샐러드

채소와 고기, 과일을 조합하면 무한하게 샐러드를 만들 수 있어요. 저는 주로 재료의 맛을 잘 느낄 수 있는 샐러드를 좋아합니다. 특별한 드레싱 없이 레몬즙으로 신맛을 추가하고 소금, 후추로 간을 하고 올리브유를 사용하는 정도입니다. 마요네즈나 소스가 듬뿍 들어간 샐러드보다는 재료의 매력을 살리는 간단한 샐러드를 소개합니다. 올리브유는 엑스트라버진올리브유Extra Virgin Olive Oil를 사용하세요. 올리브를 으깨어 나온 즙에서 자연적인 방식으로 기름을 걸러낸 것으로 올리브유 중에서 가장 향이 좋고 품질이 우수합니다. 하지만 엑스트라버진올리브유는 고온에서 쉽게 산패되므로 굽는 요리에는 사용하지 말고 채소 위에 살짝 뿌리거나 샐러드의 드레싱으로 사용합니다. 간편하지만 부담스럽지 않고, 건강하지만 맛있는 샐러드로 점심 식사를 만들어보는 것은 어떨까요?

아스파라거스수란샐러드

아스파라거스는 씁쓸하면서도 담백하고 아삭한 식감이 있는 채소예요. 피로 회복에도 좋다고 해서 피곤한 날이면 아스파라거스샐러드를 만드는데 토마토와 같이 먹기도 하고 손질해서 구워 먹거나 데쳐 먹어도 맛있습니다. 색다르게 먹고 싶은 날에는 수란을 얹습니다. 진한 수란과 아스파라거스가 어우러지면 보기에도 예쁘고 더 맛있답니다.

재료_ 아스파라거스 4개, 달걀 1개, 소금 1작은술, 식초 1큰술, 홀그레인머스터드 $\frac{1}{2}$큰술, 올리브유 1큰술, 식용유 적당량, 소금 약간, 후추 약간, 레드페퍼 약간

만드는 법_

1 아스파라거스는 밑동의 회색 부분을 잘라내고 채칼로 중간부터 겉 섬유질을 벗긴다.

2 달군 팬에 식용유를 두르고 소금을 약간 뿌리며 아스파라거스를 굽는다.

3 달걀은 깨서 작은 볼에 담는다.

4 냄비에 물을 가득 담아 소금 1작은술과 식초를 넣고 끓인 뒤 물이 끓어오르면 시계 방향으로 저어 회오리를 만들고 달걀을 천천히 넣어 수란을 만든다.

5 접시에 아스파라거스를 담고 홀그레인머스터드, 수란을 올린 뒤 올리브유와 후추, 레드페퍼를 뿌린다.

TIP

수란을 만들 때 식초를 넣으면 모양을 좀 더 예쁘게 잡을 수 있습니다. 어린 아스파라거스는 바로 먹어도 괜찮지만 섬유질 때문에 겉 부분이 질기므로 채칼로 섬유질을 제거한 뒤 먹어야 합니다. 보관할 때는 젖은 신문지에 싸서 비닐팩 안에 넣고 냉장 보관하는 것이 좋습니다.

오렌지리코타샐러드

비타민이 풍부해 감기 예방과 피부 미용에 좋은 오렌지는 제가 좋아하는 과일 중 하나입니다. 6월에서 10월까지는 오렌지가 제철이라 가격도 저렴하고 당도가 높아서 잔뜩 사서 마멀레이드를 만들거나 주스, 샐러드로 만들어 먹어요. 상큼한 오렌지와 담백한 리코타가 어울리는 샐러드는 속이 더부룩한 날에도 좋은 메뉴입니다.

재료_ 오렌지 1개, 리코타 120g, 잎채소 50g, 물 $3\frac{1}{2}$컵, 식초 2큰술, 그라나파다노 슬라이스 4조각

| 드레싱 | 올리브유 1큰술, 레몬즙 1큰술, 꿀 1작은술, 소금 약간, 후추 약간

만드는 법_

1 잎채소는 4cm 크기로 자른 뒤 물에 식초를 넣고 자른 채소를 10분간 담갔다 건진다.

2 오렌지는 껍질을 제거한 뒤 과육 사이사이 칼집을 넣어 과육만 분리한다.

3 작은 볼에 분량의 드레싱 재료를 넣고 섞는다.

4 접시에 잎채소를 담고 리코타를 $\frac{1}{2}$큰술씩 떠서 올린다.

5 4에 오렌지, 그라나파다노를 순서대로 올린 뒤 3의 드레싱을 두른다.

TIP

오렌지는 겉껍질뿐 아니라 안쪽의 과육 껍질도 사용하지 않습니다. 하나하나 손으로 벗기는 것은 어려우니 겉껍질을 과육이 드러날 때까지 도려낸 뒤 칼집을 넣어 과육만 잘라내고 남은 껍질은 즙을 짜서 샐러드 위에 뿌립니다. 오렌지철이 지났다면 자몽이나 한라봉 등으로 대체할 수 있어요.

콥샐러드

콥샐러드는 남은 재료를 넣어 만든 샐러드로 유명하지요. 저도 냉장고에 남은 재료를 어떻게 먹을까 생각하다가 콥샐러드를 만들게 되었어요. 옥수수와 병아리콩, 셀러리를 넣어 건강하고 든든하지요. 콥샐러드를 한 그릇 만들어두면 샐러드로 먹기도 하고 빵 위에 올려 아침 식사에 내놓기도 합니다.

재료_ 셀러리 1개, 병아리콩 20g, 옥수수알 100g, 그라나파다노 간 것 2큰술, 방울토마토 5개, 올리브유 2큰술, 레몬즙 1작은술, 소금 약간, 후추 약간

만드는 법_
1 셀러리는 채칼로 겉 섬유질을 제거한 뒤 1cm 두께로 자른다.
2 냄비에 하룻밤 불린 병아리콩을 넣고 콩의 3배 정도 물을 넣고 30~40분 정도 삶는다.
3 방울토마토는 꼭지를 떼고 반으로 자른다.
4 볼에 준비한 셀러리, 병아리콩, 옥수수알, 그라나파다노, 올리브유를 넣고 섞은 뒤 방울토마토를 넣고 레몬즙, 소금, 후추로 간한다.

TIP

병아리콩은 전날 미리 불려두어야 합니다. 샐러드 한 접시를 만들 때 20g 정도의 병아리콩이 필요하지만 넉넉히 삶아서 소분해 냉동실에 얼려두면 그때그때 편하게 먹을 수 있습니다. 그라나파다노는 짠맛이 강하므로 섞은 뒤 간을 보고 입맛에 맞게 소금과 후추를 넣어주세요. 방울토마토를 미리 섞으면 토마토즙이 흘러나와 샐러드가 탁해질 수 있으니 마지막에 넣습니다.

감자버섯샐러드

담백한 감자와 향이 좋은 표고버섯을 넣어서 만든 든든한 샐러드입니다. 감자와 버섯 때문에 텁텁할 수 있는 맛을 레몬이 상큼하게 잡아줘서 누구나 맛있게 먹을 수 있습니다. 든든하지만 산뜻한 샐러드가 먹고 싶을 때 추천합니다.

재료_ 감자 2개, 표고버섯 3개, 새싹채소 10g, 레몬즙 1큰술, 올리브유 1큰술, 설탕 $\frac{1}{2}$작은술, 식용유 적당량, 소금 약간, 후추 약간

만드는 법_
1 감자는 껍질째 삶아서 익히고 껍질을 제거한 뒤 반으로 잘라서 4등분한다.
2 표고버섯은 꼭지를 따고 손으로 3등분으로 찢는다.
3 새싹채소는 씻은 뒤 물기를 제거한다.
4 달군 팬에 식용유를 두르고 감자를 굴려주면서 겉을 바삭하게 익힌다.
5 감자가 바삭하게 익으면 표고버섯을 넣고 익힌다.
6 감자와 표고버섯을 볼에 옮겨 담은 뒤 레몬즙과 올리브유, 설탕, 소금, 후추를 넣고 섞는다.
7 접시에 담은 뒤 **3**의 새싹채소를 곁들여낸다. 기호에 따라 레몬 슬라이스를 더해도 좋다.

TIP

감자는 껍질이 있는 상태로 삶습니다. 껍질을 벗겨서 삶으면 전분이 빠지고 수분이 들어가 질척거릴 뿐만 아니라 맛도 밍밍해집니다. 다이어트를 하고 있다면 감자를 팬에 굽지 말고 오븐에 구워도 좋습니다.

돼지고기사과샐러드

냉장고에 돈가스를 만들고 남은 돼지고기 등심이 있었어요. 돼지고기와 사과의 궁합이 좋다는 이야기를 들은 적이 있어서 사과와 돼지고기를 샐러드에 넣어보았습니다. 사과를 구우니 과즙이 배어 나와 더 달콤해지고 돼지고기도 담백해서 잘 어울렸어요. 든든한 샐러드가 생각날 때 추천하는 샐러드입니다.

재료_ 돼지고기(등심) 70g, 치커리 5줄기, 사과 $\frac{1}{2}$개, 간장 1작은술, 오리엔탈드레싱 2큰술(p.103 참고), 식용유 적당량, 소금 약간, 후추 약간

만드는 법_
1 돼지고기는 5cm 길이로 자른 뒤 2cm 너비, 0.3cm 두께로 자르고 소금, 후추로 밑간한다.
2 치커리를 씻은 뒤 꼭지 부분을 제거하고 반으로 잘라 찬물에 담근다.
3 사과는 씨를 제거하고 2cm 두께로 5조각을 자른다.
4 달군 팬에 식용유를 두르고 돼지고기를 굽다가 간장을 넣은 뒤 속까지 익힌 뒤 꺼낸다.
5 돼지고기를 구운 팬에 식용유를 살짝 두르고 사과를 넣어 굽고 후추를 뿌린다.
6 접시에 치커리, 돼지고기, 사과를 담고 오리엔탈드레싱을 곁들인다.

TIP

사과는 꼭지 가까이 칼을 넣어 반으로 자른 다음 칼을 비스듬히 눕혀서 자릅니다. 사과의 단맛이 배어 나와 돼지고기의 육즙과 어우러집니다. 돼지고기는 지방이 없는 등심이나 안심을 사용합니다. 돼지고기 대신 모차렐라나 블루치즈를 넣어도 맛있습니다.

라이스칩감샐러드

감나무에 선명한 주황색 감이 주렁주렁 열리는 10월이 되면 무척 행복해집니다. 아삭아삭 달콤한 단감, 부드러운 연시, 쫄깃한 곶감까지 다양하게 감을 즐길 수 있기 때문이지요. 가끔은 색다르게 감을 먹고 싶어서 샐러드를 만들어보았습니다. 라이스칩을 넣어 바삭한 식감을 내고 유자드레싱을 곁들이니 가을의 맛을 만끽할 수 있는 메뉴가 완성되었어요.

재료_ 감 1개, 어린잎 50g, 라이스페이퍼 2장, 유자드레싱 2큰술(p.101 참고), 식용유 1컵, 후추 약간

만드는 법_
1 감은 껍질을 벗기고 1cm 크기로 깍둑썰기 한다.
2 어린잎은 흐르는 물에 씻은 뒤 물기를 제거한다.
3 팬에 식용유를 넉넉히 넣고 달군 뒤 라이스페이퍼를 넣어 튀긴다.
4 라이스페이퍼를 한 김 식힌 뒤 먹기 좋은 크기로 부순다.
5 접시에 어린잎, 감, 라이스페이퍼, 후추를 순서대로 올리고 유자드레싱을 곁들인다.

TIP

라이스페이퍼를 튀길 때는 팬을 달군 뒤 기름이 뜨거워질 때 라이스페이퍼를 넣으면 튀겨지면서 오그라들어요. 그때 꺼내어 식힌 뒤 손으로 부숴주면 됩니다.

율무샐러드

율무는 건강에도 좋지만 씹을 때 톡톡 터지는 식감이 무척 재미있어요. 채소와 만나면 식감이 배가되어 입안에서 채소와 율무가 함께 춤을 추지요. 율무는 다른 샐러드를 만들 때도 조금씩 넣으면 밋밋한 식감을 보충하기에 좋습니다. 다이어트 식품으로도 좋으니 배는 고프지만 고칼로리가 부담스러울 때 율무샐러드를 만들어보세요.

재료_ 율무 50g, 파프리카(빨강) $\frac{1}{2}$개, 파프리카(노랑) $\frac{1}{2}$개, 그린빈 8줄기, 오렌지드레싱 3큰술, 식용유 적당량, 소금 약간, 후추 약간'

| **오렌지드레싱** | 오렌지 1개, 올리브유 5큰술, 레몬즙 2큰술, 꿀 1큰술, 소금 약간, 후추 약간

만드는 법_

1 율무는 30분 정도 불린 뒤 30분 정도 충분히 삶은 다음 건져서 식힌다.
2 파프리카는 씨를 제거하고 1cm 너비로 채 썬다. 그린빈은 씻어 물기를 건진다.
3 오렌지는 껍질을 제거하고 속 껍질 안 과육만 손질해 잘라낸 뒤 으깬다.
4 볼에 으깬 오렌지 과육, 올리브유, 레몬즙, 꿀, 소금, 후추를 넣고 섞는다.
5 팬에 식용유를 두르고 파프리카와 그린빈, 소금, 후추를 넣고 살짝 볶는다.
6 접시에 모든 재료를 소복이 담고 오렌지드레싱을 곁들인다.

TIP

율무는 생각보다 오래 삶아야 합니다. 30분 이상 삶아야 하고 푹 삶아도 쌀처럼 퍼지지 않으니 충분히 익힙니다. 시간이 없다면 율무로 밥을 한 다음 올리브유를 섞어서 샐러드에 얹어도 좋아요.

한 그릇 밥

점심에 혼자 밥을 먹을 때는 간단하고 든든한 한 그릇 메뉴를 고릅니다. 몇 가지 밑반찬만 곁들이면 정성 들인 식사가 되지요. 한 그릇 식사를 만들 때는 밥에 신경을 씁니다. 주먹밥이나 덮밥의 밥을 지을 때는 더욱 신경을 쓰지요. 밥만 먹어도 맛있고 간간하게 밥을 지어요. 물론 새로 밥을 짓지 않고 남은 찬밥으로 주먹밥을 만들어도 괜찮아요. 밥이 남아 있다면 새로 밥을 짓는 것보다 찬밥을 활용하는 것이 좋은 방법이니까요. 주먹밥이나 덮밥의 밥은 꼬들꼬들하게 짓고 밥을 지을 때 향미가 없는 식용유를 1작은술 넣거나 물 대신 다시마국물을 넣어 밥 자체에 감칠맛을 더합니다.

세 가지 주먹밥

배가 고플 때 자주 만드는 음식입니다. 만들기도 간단하고 맛있고 든든해서 더욱 좋아요. 구운주먹밥은 밥에 간을 하고 모양을 만든 뒤 소스를 발라 팬에서 구우면 완성입니다. 김주먹밥은 이보다 쉽고 맛있어요. 조금 더 감칠맛을 느끼고 싶다면 주먹밥에 명란을 조금 넣어보세요. 따끈한 밥에 명란젓을 넣어 섞은 명란주먹밥은 주먹밥 하나만 있어도 다른 반찬이 생각나지 않습니다.

| 구운주먹밥

재료_ 밥 1공기, 간장 1큰술, 들기름 1큰술, 설탕 $\frac{1}{2}$작은술, 소금 약간

만드는 법_
1 볼에 밥과 소금을 넣고 섞는다.
2 간장, 들기름, 설탕을 섞어 소스를 만든다.
3 랩 위에 밥을 얹고 주먹밥 모양을 만든다.
4 모양이 잡히게 5분 정도 두었다가 2의 소스를 바른다.
5 달군 팬에서 주먹밥의 겉이 노릇노릇해질 때까지 중불로 굽는다.

| 김주먹밥

재료와 만드는 법 p.108 참고.

| 명란주먹밥

재료_ 밥 1공기, 명란젓 1$\frac{1}{2}$큰술, 설탕 $\frac{1}{2}$작은술, 들기름 약간

만드는 법_
1 볼에 밥, 명란젓 1큰술, 설탕, 들기름을 넣고 섞는다.
2 랩 위에 1을 올리고 주먹밥 모양을 만든다.
3 명란주먹밥 위에 나머지 명란젓을 올린다.

TIP

구운주먹밥을 만들 때는 팬에 식용유를 두르지 않고 누룽지를 만들 듯 굽습니다. 중불이나 약불에서 뒤집어 가며 구워야 겉은 바삭하고 안은 부드러운 주먹밥이 됩니다. 명란주먹밥은 따끈한 밥에 명란젓을 섞어서 밥의 온도로 명란을 살짝 익히는 것이 포인트입니다. 특유의 비린 맛은 사라지고 감칠맛만 남아 더욱 맛있습니다. 취향에 따라 들기름 대신 참기름이나 마요네즈를 섞어도 좋습니다.

나물주먹밥과 된장소스

세발나물은 갯나물이라고도 불리며 갯벌에서 자라는 나물입니다. 나물 자체에 염분이 있고 오돌오돌 씹히는 식감이 좋은 나물로 주로 데쳐서 반찬으로 먹지만 생으로 먹어도 식감과 향이 좋아서 주먹밥에 넣었습니다. 된장소스를 곁들이면 나물로 먹는 것과는 또 다른 맛을 느낄 수 있습니다.

| 나물주먹밥

재료_ 밥 1공기, 세발나물 30g, 설탕 $\frac{1}{2}$작은술, 참기름 약간

만드는 법_
1 세발나물은 흐르는 물에 씻은 뒤 1cm 간격으로 자른다.
2 세발나물 1큰술을 남겨두고 볼에 밥, 세발나물, 설탕, 참기름을 넣고 섞는다.
3 랩 위에 남긴 세발나물을 올리고 밥을 얹어 주먹밥 모양을 만든다.
4 접시에 담고 된장소스를 곁들인다.

| 된장소스

재료_ 된장 $\frac{1}{2}$큰술, 미소 $\frac{1}{2}$큰술, 물 5큰술, 설탕 1큰술, 참기름 1큰술, 달래 10줄기

만드는 법_
1 볼에 된장, 미소, 물, 설탕, 참기름을 넣고 섞는다.
2 달래는 0.5cm 간격으로 자른다.
3 달군 팬에 1의 재료를 넣고 소스가 되직해질 때까지 약불에서 5분 정도 볶은 뒤 식힌다.
4 3과 달래를 섞는다.

TIP

세발나물은 잘게 썰어야 주먹밥 모양을 잡기가 쉽습니다. 뜨거운 밥에 넣어도 숨이 잘 죽지 않아 식감은 좋지만 모양을 만들기가 까다롭기 때문입니다. 세발나물은 바닷가에서 자라 나물 자체에 염분이 있으니 밥에 간을 하지 않습니다.

달걀오이주먹밥

오이를 좋아하지 않는 사람도 많지만 저는 오이의 아삭한 식감을 무척 좋아합니다. 보들보들한 달걀과 소금에 살짝 절인 뽀득뽀득한 오이가 만나면 씹는 맛이 재미있고 영양이 가득한 주먹밥이 완성됩니다. 오이를 싫어하는 사람도 맛있게 먹을 수 있고 작게 만들면 아이들의 도시락이나 간식으로도 잘 어울립니다.

재료_ 밥 1공기, 달걀 2개, 오이 1개, 설탕 $\frac{1}{2}$ 작은술, 식용유 적당량, 소금 약간, 후추 약간, 검은깨 약간

만드는 법_

1 오이는 채칼로 껍질을 제거하고 세로로 2등분해 씨를 제거한 뒤 0.2cm 두께로 채 썬 다음 소금, 설탕을 넣고 절인다.
2 볼에 달걀을 풀고 팬에 식용유를 두른 뒤 달걀을 넣어 젓가락으로 저으며 몽글몽글해질 때까지 익힌다.
3 오이가 유연하게 접힐 정도로 절여지면 손으로 물기를 꽉 짠다.
4 볼에 밥, 절인 오이, 달걀, 소금, 후추를 넣고 섞는다.
5 잘 섞은 밥을 3등분하고 랩 위에 얹어 모양을 만든 뒤 검은깨로 장식한다.

TIP

오이의 씨 부분은 수분이 많기 때문에 깨끗이 제거한 뒤 채 썰어 소금에 절입니다. 소금에 절이면 또 수분이 나와서 물기를 꽉 짠 다음 사용해야 주먹밥이 잘 뭉쳐지고 더 맛있습니다.

토마토소스오므라이스

한 병 가득 만들어둔 토마토소스는 식사 때마다 효자 노릇을 톡톡히 합니다. 반숙으로 익힌 달걀 이불에 토마토소스만 곁들이면 반찬이 필요 없는 훌륭한 오므라이스가 완성되니까요. 촉촉한 달걀과 진한 토마토소스의 만남은 밥 한 공기가 부족할 정도입니다.

재료_ 토마토소스 1컵(p.213 참고), 밥 1공기, 달걀 2개, 소금 약간, 파슬리 다진 것 약간

만드는 법_

1 볼에 달걀과 소금을 넣고 거품기로 섞는다.
2 토마토소스를 팬에 넣고 약불로 7분 정도 데운다.
3 작은 팬에 식용유를 두르고 약불로 달군 뒤 달걀물을 붓고 젓가락으로 저으면서 모양을 내어 익힌다.(p.109 참고)
4 그릇에 밥을 오목하게 담고 익힌 달걀을 올린 뒤 파슬리로 장식한다.
5 옆에 토마토소스를 붓는다.

TIP

달걀물에 소금을 넣은 상태로 20분 이상 두면 달걀물의 색이 진해져 오므라이스의 색이 선명해집니다. 밥은 흰쌀밥을 사용해도 되고 토마토소스를 반 정도 넣고 미리 팬에서 볶아서 만들어도 좋습니다.

공심채볶음덮밥

공심채는 우리에게는 낯설지만 동남아시아나 중국에서는 흔히 먹는 채소입니다. 저는 태국에서 처음 공심채를 만났는데요, 맛깔스러운 요리 사이에 거무스름한 공심채볶음이 있었어요. 그다지 손이 가지 않았지만 '현지 음식이니 한 번 맛이나 보자' 하는 생각으로 한 젓가락을 먹었는데 너무나 맛있었어요. 완전 밥도둑이었어요. 여행지의 맛을 느낄 수 있는 공심채볶음은 반찬으로도, 덮밥으로도 손색없는 메뉴입니다.

재료_ 공심채 6줄기, 감자전분 1작은술, 물 1작은술, 마늘 튀긴 것 1작은술, 페퍼론치노 2개, 굴소스 1큰술, 액젓 1작은술, 설탕 1작은술, 밥 1공기, 식용유 적당량, 후추 약간, 레드페퍼 약간

만드는 법_

1 공심채는 잎을 따로 떼어내 담고 줄기는 5cm 간격으로 자른다.
2 감자전분과 물을 1:1로 섞어 전분물을 만든다.
3 팬에 식용유를 두르고 달군 뒤 마늘 튀긴 것과 페퍼론치노를 넣고 볶는다.
4 3에 공심채 줄기, 굴소스, 액젓을 넣고 센불에서 빠르게 볶는다.
5 공심채가 어느 정도 숨이 죽으면 따로 떼어둔 공심채 잎, 설탕, 후추를 넣고 볶은 다음 전분물을 붓고 섞어서 불을 끈다.
6 오목한 그릇에 밥을 담고 공심채볶음을 올린 다음 레드페퍼를 살짝 뿌린다.

TIP

공심채의 잎과 줄기는 익는 시간이 다르기 때문에 따로 볶아야 합니다. 전분물은 넣기 전에 가라앉은 전분을 섞어서 뭉치지 않도록 합니다. 밥과 같이 먹을 것을 생각해 약간 짭짜름하게 만듭니다. 마늘 튀긴 것은 마트에서 구입이 가능하고 없다면 마늘 다진 것으로 대체할 수 있습니다.

달걀카레덮밥

이가 아프거나 몸이 좋지 않은 날이면 부드러운 음식을 찾게 됩니다. 이상하게 죽은 먹기가 싫어서 채소를 넣지 않고 달걀만 넣어서 카레를 만들어요. 달걀의 부드러운 식감이 카레의 자극적인 맛과 더해져 참 맛있어요. 이 레시피에 채소를 가득 넣고 마지막에 달걀을 넣어 끓여도 역시 맛있답니다.

재료_ 달걀 3개, 양파 1개, 쪽파 1대, 카레가루 $\frac{1}{2}$컵, 물 3$\frac{1}{2}$컵, 버터 10g, 밥 1공기

만드는 법_

1 달걀은 거품기로 섞어 달걀물을 만든다.
2 양파를 반으로 자른 뒤 0.2cm 두께로 얇게 채 썬다. 쪽파는 0.2cm 크기로 자른다.
3 카레가루는 물에 풀어놓는다.
4 달군 냄비에 버터와 양파를 넣고 양파가 갈색이 날 때까지 볶는다.
5 3을 넣고 끓인 뒤 한 김 식힌 다음 핸드블렌더로 곱게 간다.
6 카레의 농도가 잡히면 한 방향으로 달걀물을 붓고 달걀이 어느 정도 익으면 불을 끈다.
7 그릇에 밥을 오목하게 담고 카레를 담은 뒤 쪽파를 올린다.

TIP

달걀을 익힐 때는 너무 익어서 뭉치지 않도록 주의합니다. 카레가 완성된 뒤 밥에 얹기 직전에 달걀물을 부어서 끓이면 부드러운 달걀카레덮밥을 만들 수 있습니다.

가지소고기볶음덮밥

한때 가지와 사랑에 빠진 적이 있었습니다. 가지가 너무 맛있어서 파스타에도 넣고, 토마토소스를 끓일 때도 넣고, 튀김에도 넣고, 거의 모든 요리에 가지를 넣어서 먹었어요. 어느 날은 가지에 소고기를 넣고 볶아서 반찬을 만들었는데 무척 별미였어요. 그 반찬에 소스를 좀 더 추가한 것이 이 메뉴입니다. 보들보들한 가지와 소고기의 만남을 맛보면 누구나 가지를 좋아하게 될 거예요.

재료_ 가지 1개, 소고기(홍두깨살) 70g, 부추 3줄기, 마늘 다진 것 $\frac{1}{2}$작은술, 파 다진 것 1작은술, 굴소스 1큰술, 식용유 적당량, 홍고추 다진 것 약간, 후추 약간, 깨 약간, 참기름 약간, 밥 1공기
| 소고기 밑간 | 간장 $\frac{1}{2}$큰술, 소금 약간, 후추 약간

만드는 법_
1 가지는 1.5cm 두께로 둥글게 슬라이스한다.
2 소고기는 0.2cm 두께, 4cm 길이로 자른 뒤 분량의 밑간을 넣어 10분 정도 재운다.
3 부추는 5cm 길이로 자른다.
4 달군 팬에 식용유를 두르고 마늘, 파를 넣고 기름에 향이 밸 때까지 중불에서 볶은 뒤 **2**의 소고기를 넣어 볶는다.
5 소고기의 겉이 익으면 가지를 넣고 볶다가 굴소스, 후추를 넣고 볶는다.
6 그릇에 밥을 담고 가지소고기볶음을 올리고 깨, 참기름을 살짝 뿌린 뒤 부추와 홍고추를 올린다.

TIP

마늘과 파를 다져서 기름을 내면 재료의 잡내를 잡아주고 풍미를 더해줍니다. 주재료를 볶기 전에 중불에서 충분히 볶아주세요. 파를 다질 때는 파의 흰 부분을 사용합니다.

넷.

저녁의 냄비 요리와 술안주

각자의 하루를 보내고 나면 맛있는 저녁을 만들어 먹는 일이 남아 있습니다.
저녁 메뉴를 고르는 일은 우리 부부의 남은 일과 중 가장 중요한 일이에요.
식탁에 앉아 맛있는 음식을 먹으며 하루의 피로를 풀고 내일을 위한
힘을 얻는 시간이기 때문이지요. 서로의 하루에 관심도 많고
나눌 이야기도 많아서 어쩌면 우리 부부의 하루는 저녁에 시작해서 저녁에
끝나는 것 같아요. 아침에는 정신없이 출근하고 점심에는 각자의 일로 바쁘고
저녁에야 만나서 하루의 이야기를 나누다 보니 항상 저녁이 짧게 느껴져요.
봄에는 거실의 큰 창을 활짝 열고 평소 먹지 못했던 냄새가 많이 나는
음식을 먹어요. 삼겹살을 구워 먹기도 하고 환기를 오래 해야 하는
청국장을 끓여 먹기도 하지요. 청국장을 참 좋아하는데도
냄새 때문에 항상 머뭇거리게 되거든요. 창을 활짝 열 수 있는
봄, 가을에는 환기 걱정이 없으니 실컷 먹습니다.
여름에는 식사 전, 저녁노을을 보러 갑니다. 간이 의자를 챙기고
커피를 사서 구조라 해변에 앉아 도란도란 이야기를 나누고 해변을 따라
산책을 해요. 붉은 하늘과 반짝이는 바다를 바라볼 때면
거제가 더 좋아져요. 처음에는 노을을 오래 보고 싶은 마음에
남편의 걸음을 재촉했어요. 서두르는 저를 보더니 남편이 주위를
좀 둘러보라고 하더군요. 노을을 따라 서둘러 걷다 주위를 보니 집 위에,
나무 위에, 사람들의 머리 위에 내려앉은 노을이 바다만큼 예뻤습니다.
하마터면 그 모습을 놓칠 뻔했어요.
저녁에는 간단하게 술을 곁들일 수 있는 요리를 자주 만들어요.
지난겨울에는 냄비 요리를 자주 만들었어요. 대마도에 1박 2일 여행을
다녀왔을 때 맛본 배추와 돼지고기를 넣은 냄비 요리에 빠져

하루가 멀다 하고 배추를 사서 만들었어요. 노란 알배추를 큼지막하게
자르고 가쓰오부시국물에 간장으로 간을 해 얇은 대패삼겹살과 배추를
넣고 푹 익혀 미소된장소스에 찍어 먹으면 매일 먹어도 질리지 않더라고요.
거기에 따뜻하게 데운 청주 한 병이면 하루의 피로까지 날아가지요.
결국 남편이 질릴 때까지 배추를 샀어요.
남편은 종종 퇴근길에 바지락을 사오는데 그날은 전골냄비에 참나물을 넣고
시원하게 바지락탕을 끓여서 마주 앉아 수제비를 익혀 먹어요.
수제비는 얇고 빠르게 떠서 넣어야 맛있는데 남편은 계속 두꺼운 수제비를
만들어요. 만들어도 만들어도 실력이 늘지 않으니
얇은 수제비 사이로 두꺼운 수제비가 떠다녀요.
그래도 수제비에 바지락국물을 한 숟갈 먹으면 "캬" 소리가
저절로 나오지요. 남편은 맛있는 음식에는 맛있는 술을 같이 먹는 것이
음식에 대한 예의라고 말하는 사람이에요. 특별히 안주로
원하는 음식은 없지만 시원한 국물 요리나 매콤한 찜 요리를 할 때
술이 빠지면 서운하다고 해요. 음식물 쓰레기 버리는 일은 차일피일
미루면서 튀김을 만든다고 하니 얼른 맥주를 사오더라고요.
얄밉게 느껴지다가도 좋아하는 모습을 보면 맛있게 만들고 싶다는
생각이 듭니다. 함께 요리를 하고 이야기를 나누다 보면
저녁 식사 시간이 어느덧 두 시간을 훌쩍 넘기지만
이런 일상이 행복 아닐까요.

냄비 요리를 위한 국물 내기

요즘 대형마트에 가면 국물용 티백이 다양하게 준비되어 있어요. 디포리, 새우, 멸치 등을 섞어서 한 번 먹을 분량으로 포장되어 있는 것을 보면 참 편리하겠구나 싶어요. 하지만 저렴한 가격에 덥석 샀다가 내용물을 보면 품질이 떨어지는 경우가 많아서 번거로워도 국물용 건어물을 구입해서 직접 국물을 냅니다. 주로 디포리와 다시마, 건새우, 건표고버섯, 국물용 멸치를 사용하지요. 디포리와 다시마는 큰 냄비에 끓여 국물을 내서 병에 담아 보관해요. 디포리와 다시마를 우려낸 국물은 거의 모든 국을 만드는데 쓸 수 있어요. 국물은 냉장고에서 3일 정도 보관할 수 있고 한꺼번에 많이 끓였다면 비닐팩에 1회 분량으로 소분해서 냉동실에 보관하고 필요할 때 꺼내 쓰면 편리해요.

건새우는 물에 끓여 국물을 내기보다 팬에 기름 없이 볶어서 비린내를 없애고 완전히 식힌 다음 믹서에 갈아 가루를 내어 사용해요. 밀폐유리병에 담아 건조하고 선선한 곳에 보관하면 3개월 정도 보관할 수 있어요. 주로 달걀국이나 뭇국 등 재료가 많이 들어가지 않는 국에 한 숟가락씩 넣어 감칠맛을 주는 용도로 사용합니다. 건표고버섯은 작게 조각내 국이나 달걀찜에 넣기도 하고 완전히 건조시킨 뒤 가루를 내어 국을 끓일 때 넣거나 감자볶음이나 나물무침에 조금씩 넣어 맛을 풍부하게 만들어요. 국물용 멸치는 똥을 제거하고 볶아서 보관해요. 똥을 제거하지 않으면 씁쓸한 맛이 나거든요. 칼국수나 촌국수를 만들 때 한 줌씩 넣으면 시원하면서 감칠맛이 나요. 다시마디포리국물이 있으면 멸치국물을 따로 만들 필요 없이 다시마디포리국물에 멸치만 넣어 국물을 우리면 됩니다.

냄비 요리를 위한, 다시마디포리국물

국을 끓일 때 좋은 재료를 이것저것 넣었는데도 깊은 맛이 나지 않아 조미료를 넣어본 경험이 있으신가요? 국물을 내는 과정은 은근히 귀찮아서 자주 거르게 되지만 국물로 국을 끓이면 확실히 깊은 맛이 납니다. 국물을 함께 먹는 요리는 국물을 낸 뒤 요리를 하면 실패하지 않습니다.

재료

다시마 말린 것 4g, 디포리 10g, 가쓰오부시 10g, 물 7컵

1 냄비에 물을 넣고 다시마, 디포리, 가쓰오부시를 넣고 중불에서 끓인다.

2 국물이 뽀얗게 우러나면 다시마를 건져낸 뒤 불을 끈다.

3 한 김 식힌 뒤 체에 국물을 걸러낸다.

TIP

다시마를 센불에서 끓이면 국물이 진득해지므로 중불에서 10분 정도 국물을 낸 뒤 건져냅니다. 건져낸 다시마는 재활용할 수 있어요. 솥밥을 지을 때 다시마를 넣고 밥을 지으면 밥에 윤기가 생깁니다. 가쓰오부시의 쓴맛에 예민하다면 가쓰오부시를 처음부터 넣지 않고 중간에 넣어 우려냅니다.

냄비 요리에 어울리는 반찬

냄비 요리에는 이미 많은 재료가 들어가 있어서 여러 가지 반찬이 필요하지 않아요. 그래서 찍어 먹는 소스를 만들거나 느끼함을 덜어내고 입을 깔끔하게 만들어줄 반찬을 한 가지 정도 준비합니다. 한약재를 넣고 백숙을 끓일 때는 섞박지와 부추초절임을 먹어요. 부드러운 닭고기에 부추초절임을 얹어 먹으면 새콤하니 씹는 맛이 있거든요. 섞박지는 배추와 무를 섞어서 만든 경상도 향토 김치로 만드는 법이 간단하고 시원한 맛이 있어서 백숙같이 부드러운 음식을 먹을 때 잘 어울려요.

냄비 요리에 들어가는 재료의 식감과 양념에 따라 반찬을 정하기도 해요. 매운맛을 조절하거나 입안의 텁텁함을 없애줄 수 있는 반찬을 만듭니다. 남편과 저는 매운 음식을 잘 먹지 못해서 매운 닭볶음탕을 했을 때는 부드러운 달걀찜과 무초절임을 곁들여요. 닭볶음탕을 한 입 먹고, 달걀찜을 한 입 먹어서 입안을 진정시키지요. 매운 갈비찜에는 동치미 한 그릇을 곁들여요. 매운 갈비찜에 빨간 김치는 어울리지 않잖아요.

추운 겨울 생각나는, 배추겉절이

저는 얼갈이배추를 정말 좋아해요. 얼갈이배추가 나오는 추운 겨울이 되면 얼갈이배추를 넣은 된장국을 가득 끓여 놓고 식사 때마다 먹는데, 심심하게 끓인 배춧국은 며칠을 먹어도 질리지 않아요. 얼갈이배추는 김치를 만들어도 되고, 끓는 물에 살짝 데쳐서 나물로 먹어도 됩니다. 같은 재료지만 조리법에 따라 맛이 달라지니 참 신기하지요. 얼갈이배추는 간이 잘 배도록 잎이 부드러운 것을 고릅니다. 양념장은 미리 섞어서 고춧가루가 충분히 불도록 10분 정도 두었다가 얼갈이배추를 섞어주세요. 액젓, 고춧가루를 조금 더 추가해도 좋습니다.

재료

얼갈이배추 2포기, 고춧가루 3큰술, 마늘 다진 것 1큰술, 액젓 1큰술, 새우젓 1큰술, 올리고당 1큰술, 참기름 1작은술, 참깨 약간

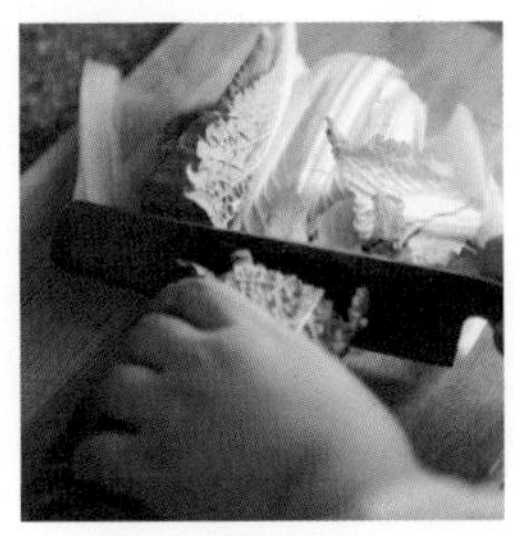

1 얼갈이배추를 깨끗이 씻은 뒤 뿌리를 자르고 7cm 간격으로 자른다.

2 큰 볼에 고춧가루, 마늘, 액젓, 새우젓, 올리고당을 넣고 섞는다.

3 잘 섞은 양념에 얼갈이배추를 버무린 뒤 참기름과 참깨를 넣는다.

고기 요리에 어울리는, 부추절임

고기를 구워 먹을 때면 꼭 식탁에 오르는 밑반찬입니다. 닭고기, 돼지고기 요리에 무척 잘 어울리고 고기의 느끼한 맛을 잡아주어 입안도 개운해집니다.

재료

부추 1단, 물 $2\frac{1}{2}$컵, 간장 $1\frac{1}{4}$컵, 식초 $1\frac{1}{4}$컵, 설탕 $\frac{1}{2}$컵

1 부추는 깨끗이 손질해 7cm 간격으로 자른다.

2 냄비에 물, 간장, 식초, 설탕을 넣고 설탕이 녹을 때까지 끓인 뒤 한 김 식힌다.

3 소독한 유리용기에 부추를 넣은 뒤 식은 간장물을 붓는다.

TIP

부추절임은 만들고 나서 실온에서 반나절 정도 둔 뒤 냉장 보관합니다. 다음 날부터 먹을 수 있고 냉장고에서 3개월 정도 보관할 수 있습니다. 다 먹고 남은 간장물은 냄비에 한 번 끓여 솥밥의 간장소스를 만들 때 일반 간장 대신 사용해도 되고 전이나 튀김, 만두를 먹을 때 곁들여도 좋습니다.

냄비 요리와 술안주에 좋은 밥짓기

냄비 요리에는 꼬들꼬들하면서 윤기가 있는 밥이 잘 어울립니다. 국물이나 소스와 같이 먹으려면 윤기가 없는 밥은 잘 넘어가지 않고 너무 찰진 밥은 진득하게 붙어서 어울리지 않거든요. 그래서 찹쌀을 사용하지 않습니다.

쌀은 주로 파주 외가댁에서 농사지은 햅쌀을 사용합니다. 햅쌀은 윤기가 많고 고소하고 쌀의 향이 짙은 것이 특징이에요. 윤기가 없는 묵은쌀로 밥을 짓는다면 작은 다시마 조각을 같이 넣습니다. 다시마의 끈기가 쌀과 섞여서 밥에 윤기가 생깁니다. 흰쌀밥만 먹기보다는 보리, 현미, 흑미, 귀리를 섞어서 먹습니다. 마트에 가면 조금씩 구입할 수 있어서 여러 종류를 사서 넣어 먹어요. 흰쌀 1컵에 잡곡 3종류를 $\frac{1}{3}$씩 넣어 밥을 짓습니다. 잡곡밥이 건강에 좋다고 하지만 현미나 귀리는 껍질이 두꺼워 흰쌀만큼 소화가 잘되지 않아요. 잡곡을 너무 많이 넣으면 소화가 잘되지 않아서 고생할 수 있으니 몸 상태에 맞춰 조절하는 것이 좋습니다.

처음 밥을 지을 때는 아무 생각 없이 수돗물을 넣었어요. 수돗물에 거리낌이 없었고 굳이 생수를 써야 하나 싶었거든요. 그런데 정수된 물을 사용해 밥을 지어보니 더이상 수돗물로 밥을 하지 못하겠더라고요. 수돗물도 식수로 먹어도 된다지만 밥을 지으니 미세하게 화학 냄새가 났어요. 그 뒤로는 꼭 정수된 물을 사용하고 있어요. 밥에 감칠맛을 내기 위해서 다시마국물을 사용해 밥을 짓습니다. 물 대신 다시마국물이나 닭고기국물을 사용하면 쌀 자체에 감칠맛이 나서 밥만 먹어도 맛있어요. 디포리국물은 비린내가 날 수 있어서 사용하지 않습니다. 식당에서는 밥에 윤기를 내기 위해 식용유를 사용한다고도 해요. 밥을 지을 때 식용유를 넣으면 쌀에 윤기가 돌고 기분 좋은 식감을 줘서 같이 먹는 음식도 맛있게 느껴지거든요. 하지만 매번 식용유를 넣을 수는 없으니 집에서 밥을 지을 때는 참기름을 살짝 둘러주는 방법도 있어요.

실패하지 않는 튀김

집에서 만드는 요리 중 제일 귀찮은 것이 튀김 요리가 아닐까 싶어요. 기름을 많이 사용하고 남은 기름을 처리하기도 어렵고요. 항상 주저하게 되지만 갓 만든 튀김은 너무 맛있어서 그 맛을 포기하기는 어렵지요. 저도 늘 고민하다가 결국 기름 냄비에 불을 붙여요. 집에서 튀김을 만들 때는 작고 깊은 냄비를 사용합니다. 기름을 적게 사용하면서 적당한 깊이에서 튀길 수 있어서요. 건강에 좋은 기름을 사용하기 위해 올리브유나 카놀라유로 튀기기도 하지만 튀김용 기름은 향이 없는 콩식용유가 맛있어요. 기름의 온도를 측정하기 위해 온도계가 있으면 편리해요. 정확한 온도에서 튀기면 성공률이 더 높거든요. 만약 온도계가 없다면 나무젓가락으로 온도를 예측하고 일정한 온도가 되면 중불로 줄여 채소는 한 번, 고기는 두 번 튀깁니다.

집에서 튀김을 만들 때 가장 많이 하는 실수는 한꺼번에 많은 재료를 넣는 거예요. 재료를 많이 넣으면 기름의 온도가 낮아져 튀김이 눅눅해지거나 튀김옷이 풀어질 수 있어요. 조금씩 튀기면서 젓가락으로 자주 저어야 온도가 내려가지 않아 바삭한 튀김을 만들 수 있어요. 한 번 튀긴 뒤에는 체로 기름 안의 불순물을 걷어줍니다.

저희 부부는 두부튀김을 제일 좋아해요. 두부를 큼지막하게 잘라 소금, 후추로 간한 뒤 물기를 제거하고 전분을 묻혀 튀기는데 겉은 바삭하고 안은 촉촉하지요. 그 위에 쪽파를 썰어서 얹고 간장을 살짝 뿌려 먹어요. 술안주로도, 반찬으로도 좋아요. 닭고기튀김, 채소튀김, 새우튀김도 자주 만드는데 닭고기튀김에는 미소드레싱을, 채소튀김에는 간장소스나 히말라야소금, 허브소금을, 새우튀김에는 요구르트소스를 곁들여요. 튀김용 간장소스는 간장, 레몬즙, 설탕을 1:1:1 비율로 섞어서 간단하게 만들 수 있어요.

바삭함을 더한, 버섯튀김

버섯은 수분이 많아 바삭한 튀김옷과 참 잘 어울려요. 특별한 재료를 더하지 않아도 씹는 식감이 좋아서 맥주 안주로 자주 만듭니다. 여러 종류의 버섯튀김을 밥 위에 얹어 일본식 간장인 쓰유를 뿌려 먹으면 한 끼 식사로도 훌륭합니다.

TIP

식용유는 냄비의 5cm 정도 높이로 넣습니다. 반죽을 만들 때 감자전분을 넣으면 바삭한 튀김옷을 만들 수 있습니다. 냄비 속 튀김 위에 반죽을 살짝 뿌리면 반죽이 튀김 표면에 묻어 더 바삭바삭한 튀김을 만들 수 있습니다. 채소튀김은 고기튀김과 달리 한 번만 튀깁니다. 튀김가루에는 간이 되어 있으니 소금과 후추는 입맛에 따라 약간만 첨가하면 됩니다.

재료

느타리버섯 50g, 튀김가루 1컵, 감자전분 1큰술, 물 $\frac{1}{3}$컵, 얼음 10개, 소금 약간, 후추 약간, 식용유 적당량

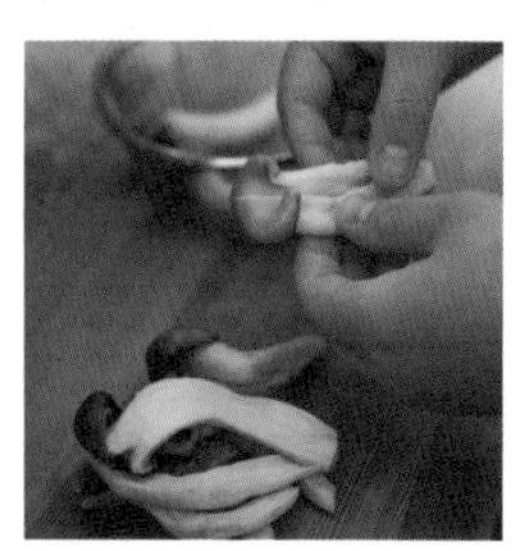

1 느타리버섯은 밑동을 다듬고 손으로 2등분해 찢는다.

2 볼에 튀김가루, 감자전분, 물, 소금, 후추를 넣고 거품기로 가루가 보이지 않을 정도로 섞는다.

3 튀김 반죽이 완성되면 얼음을 넣어 반죽의 농도를 조절한다.

4 냄비에 식용유를 넉넉히 넣고 끓인다.

5 식용유가 170℃가 되면 손질한 느타리버섯에 튀김 반죽을 묻힌 뒤 튀긴다.

6 버섯튀김이 노릇노릇해지면 꺼낸다.

홈메이드 담금주

담금주는 사람이 만드는 것이 아니라 시간이 만든다는 문장을 본 적이 있어요. 담그는 과정은 간단하지만 날짜를 기다리고 때에 맞춰 걸러내고 또 몇 개월을 기다리고 기다려야 맛볼 수 있기 때문이지요.

일반 소주에 재료를 넣으면 쉽게 부패하기 때문에 담금주에는 일반 소주를 사용하지 않아요. 쌀의 향이 살아 있고 쓴맛이 없는 알코올도수 25~50%의 강소주를 사용해요. 마트에서 담금주라는 이름으로 판매하고 있어 쉽게 찾을 수 있습니다. 담금주는 여러 가지 재료로 만들 수 있습니다. 소독한 병에 건조한 약재를 담금소주의 20% 정도 넣고 담금소주를 붓은 뒤 밀봉하면 끝이에요. 만드는 과정은 너무나 쉬워요. 담금주는 6개월 정도 어둡고 서늘한 곳에 보관해두었다가 약재를 걸러서 마시면 되는데 오래두면 둘수록 깊은 맛이 더해져 오랫동안 숙성시켜요.

요즘은 과일을 넣은 담금주를 많이 만드는데 딸기, 파인애플, 사과, 피자두, 블루베리 등 종류도 다양해요. 생과를 담글 때는 베이킹소다 2큰술과 식초 2큰술을 넣은 물에 과일을 깨끗이 씻은 뒤 물기를 제거하고 사용합니다. 소독한 저장용기에 20% 정도의 과일을 넣고 당도가 높은 술을 담고 싶다면 설탕과 과일을 1:1 비율로 넣은 뒤 술을 부어 보관합니다. 수분이 많은 생과는 3개월 정도 숙성시키면 먹을 수 있습니다. 오래 보관해야 한다면 과육을 걸러낸 뒤 소독해 둔 좁은 유리병에 옮겨서 보관합니다.

향으로 마시는 술, 모과주

모과는 선반에만 올려두어도 은은한 향이 집 안 가득 퍼져요. 모과철이 되면 모과를 잔뜩 사서 모과청과 모과주를 만들어요. 모과주는 향이 좋아서 향으로 마시는 술이에요. 달콤한 술을 좋아한다면 설탕을 넣어도 되지만 설탕을 넣지 않는 편이 모과향이 더 진하게 느낄 수 있어요.

TIP

일반 소주가 아닌 도수가 높은 담금소주를 사용합니다. 모과주는 익을수록 색이 진해지는데 담근 뒤 6개월 정도가 지나야 먹을 수 있습니다. 만든 날짜를 적어두면 좋습니다. 달콤한 담금주를 먹고 싶다면 모과의 50% 분량의 설탕을 추가합니다.

재료

모과 2개, 담금소주 2L

1 모과는 깨끗이 씻은 뒤 물기를 제거하고 4등분한 다음 씨를 제거한다.

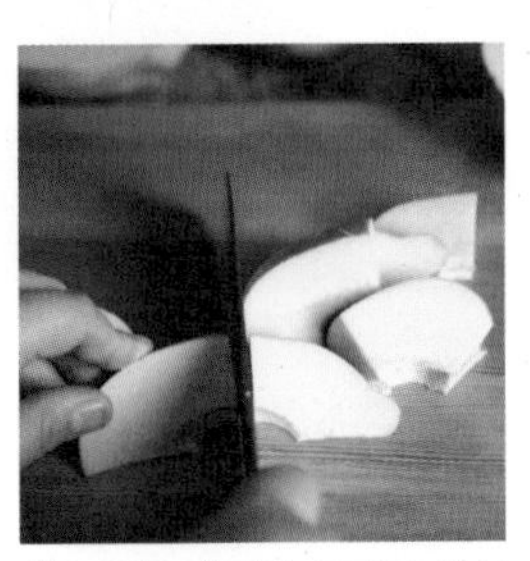

2 씨를 제거한 모과를 다시 반으로 자른다.

3 소독한 유리병에 손질한 모과를 넣는다.

4 모과가 들어 있는 병에 담금소주를 천천히 붓는다.

5 밀봉하여 보관한다.

냄비 요리

냄비 요리에는 해산물을 많이 사용합니다. 거제에서 살다 보니 대합, 바지락, 홍합, 새우를 쉽게 구할 수 있고 시원한 국물을 내기에 더없이 좋거든요. 집에서 조금만 나가면 바닷가로 가는 길목에 조개와 갖가지 해산물을 판매하는 가게가 있어요. 싱싱한 제철 해산물을 종류별로 판매하며 가격도 저렴하고 품질도 좋아요. 조개는 가격이 저렴해서 종류별로 1kg씩 구입해 해감한 뒤 섞어서 국물을 내지요. 조개국물은 특유의 시원한 맛이 있어서 냄비 요리에 많이 사용해요. 새우, 게, 전복 등을 넣고 해물탕을 끓이거나 콩나물을 가득 넣고 콩나물국밥을 끓일 때, 빨간 순두부찌개를 끓일 때 넣으면 감칠맛을 더해주지요. 더운 여름, 추운 겨울 언제나 어울리는 냄비 요리로 몸도 마음도 든든한 저녁 식사를 만들어요.

해물수제비

남편은 비가 오는 날이면 저녁으로 수제비를 만들어달라고 점심때부터 조르곤 해요. 온종일 수제비를 기다릴 만큼 좋아하지요. 거제에 사는 덕분에 해산물을 듬뿍 넣어 바다향이 나는 수제비를 만듭니다. 속이 풀리는 시원한 국물과 수제비는 참 잘 어울리거든요.

재료_ 밀가루 $\frac{2}{3}$컵, 물 4큰술, 바지락 15개, 대합 2개, 주꾸미 2마리, 새우 3마리, 애호박 $\frac{1}{2}$개, 양파 $\frac{1}{2}$개, 감자 1개, 다시마디포리국물 5컵(p.157 참고), 국간장 1작은술, 소금 약간, 후추 약간, 쑥갓 1줄기

만드는 법_

1 밀가루에 물과 소금을 넣고 반죽한 뒤 랩을 씌워 냉장고에 보관한다.
2 바지락과 대합은 소금물에 해감한 뒤 깨끗이 씻는다.
3 주꾸미는 내장, 입, 먹물을 제거하고 굵은 소금으로 문질러 씻는다.
4 새우를 씻은 뒤 이쑤시개를 이용해 등 쪽 내장을 뺀다.
5 애호박은 반달 모양이 되도록 반으로 자른 뒤 1.5cm 두께로 자른다.
6 양파는 세로로 4등분하고 감자는 껍질을 벗기고 반으로 자른 뒤 1.5cm 두께로 자른다.
7 냄비에 다시마디포리국물을 넣고 끓으면 바지락, 대합, 양파, 감자를 넣는다.
8 조개가 익어서 입이 벌어지면 주꾸미와 새우를 넣고 밀가루 반죽을 얇게 떠 넣는다.
9 밀가루 반죽을 다 넣고 애호박을 넣은 뒤 수제비가 익을 때까지 끓인 다음 국간장, 소금, 후추로 간한다. 마지막에 쑥갓을 올린다.

TIP

밀가루 반죽을 만들 때는 물을 조금씩 넣어가면서 반죽합니다. 수제비를 만들 때는 손에 물을 묻혀서 뜨면 얇게 떠 넣을 수 있습니다. 수제비 반죽은 빨리 넣어야 반죽의 익는 속도가 비슷해집니다. 주꾸미를 손질할 때는 꼭 먹물을 제거합니다. 먹물을 제거하지 않으면 끓이는 도중에 먹물이 터져 국물이 새까맣게 될 수도 있으니 주의하세요.

채소어묵탕

"오늘은 어묵탕 만들 거야"라고 말하면 남편은 신나서 청주를 데우겠다고 합니다. 그 사이 저는 어묵을 잘라 돌돌 말아서 채소와 어묵을 넣은 꼬치를 만들고 남편은 어울리는 술병과 잔을 찾겠다고 찬장을 뒤적거리지요. 그런 남편을 보고 있으면 '아, 이제 어묵탕 만들지 말까' 싶기도 해요. 그래도 맛있게 먹을 남편의 얼굴을 생각하며 맛있게 끓여야겠지요?

재료_ 모둠어묵 400g, 대파 1대, 곤약 50g, 청경채 2개, 무 $\frac{1}{4}$개, 다시마디포리국물 4컵(p.157 참고), 간장 1큰술, 쑥갓 2줄기, 홍고추 $\frac{1}{3}$개, 소금 약간, 후추 약간

만드는 법_

1. 사각어묵은 반으로 자르고 대파는 5cm 두께로 자른다. 곤약은 5cm 길이로 자른 뒤 3cm 두께로 자른다.
2. 사각어묵을 돌돌 말아 꼬치에 끼우고 서로 다른 모양의 어묵과 대파, 곤약을 번갈아 끼운다.
3. 청경채는 씻어서 반으로 자르고 무는 3cm 두께로 자른 뒤 반으로 자른다.
4. 냄비에 다시마디포리국물과 무를 넣고 끓인다.
5. 꼬치에 끼운 어묵과 간장을 넣는다.
6. 어묵이 익으면 청경채, 소금, 후추를 넣고 청경채의 숨이 죽으면 불을 끈다.
7. 홍고추를 어슷하게 자른 뒤 쑥갓과 함께 올린다.

TIP

어묵만으로도 국물이 맛있기 때문에 시간이 없다면 다시마디포리국물을 내는 과정을 생략해도 좋습니다.

갈비찜

갈비찜은 번거로워서 집에서는 잘 만들지 않는 음식 중 하나였어요. "갈비찜은 너무 번거로운 음식이야. 무조건 식당에서 사 먹어야 해"라고 굳게 믿고 있었지요. 그래서 만들 생각도 하지 않았는데 지금은 만들기 쉬운 음식 중 하나가 되었어요. 최소한의 재료로 만드는 갈비찜 레시피를 함께 나누고 싶네요.

재료_ 소갈비 900g, 양파 1개, 생강 $\frac{1}{2}$개, 당근 1개, 감자 2개, 간장 1컵, 올리고당 $\frac{1}{2}$컵

만드는 법_
1 소갈비는 찬물에 담가 30분 간격으로 세 번 물을 갈면서 핏물을 뺀다.
2 핏물을 뺀 소갈비는 뼈대 반대 방향으로 칼집을 낸다.
3 믹서에 양파, 생강, 간장 $\frac{1}{2}$컵을 넣고 곱게 간다.
4 저장 용기에 소갈비의 뼈대를 위로 향하게 놓고 3의 양념을 넣어 반나절 정도 냉장고에서 재운다.
5 당근은 3cm 크기로 자른 뒤 모서리를 둥글게 다듬는다.
6 감자는 껍질을 벗기고 2등분한 뒤 모서리를 둥글게 다듬는다.
7 냄비에 재운 소갈비를 넣고 갈비가 잠길 만큼의 물을 넣고 끓인다.
8 소고기의 겉이 익으면 면포에 국물을 거른다.
9 소고기 겉에 묻은 불순물을 흐르는 물에 살짝 씻고 깨끗한 냄비에 거른 국물과 소갈비를 넣고 나머지 간장을 넣어 뚜껑을 닫고 끓인다.
10 국물이 반으로 줄어들면 다듬은 당근과 감자, 올리고당을 넣고 뚜껑을 닫고 중불에서 20분간 졸인다.
11 국물이 자작하게 졸아들면 간을 본 뒤 불을 끈다.

TIP

소고기에서 누린내가 날 수 있으므로 핏물을 충분히 빼야 합니다. 양파와 생강은 고기를 부드럽게 만들고 간장의 당도는 양념이 잘 배도록 도와줍니다. 갈비찜에 들어가는 채소는 오래 익히기 때문에 모서리를 다듬지 않으면 부서져서 지저분해질 수 있습니다.

두부대구완자탕

중국식 완자탕을 저만의 레시피로 변신시킨 요리입니다. 겨울철 거제의 특산물인 대구살을 넣어 완자를 만들었어요. 만드는 방법도 간단하고 맛있어서 자꾸 만들고 싶은 요리지요. 대구살을 넣은 두부완자를 어묵처럼 기름에 튀기면 아이들 간식으로도 좋으니 넉넉히 만들어두면 좋습니다.

재료_ 두부 $\frac{1}{2}$모, 대구살 50g, 당근 $\frac{1}{4}$개, 애호박 $\frac{1}{4}$개, 달걀 1개, 감자전분 5큰술, 다시마디포리국물 $3\frac{2}{3}$컵, 간장 1큰술, 홍고추 1개, 흰 후추 약간, 소금 약간

만드는 법_
1 두부와 대구살은 키친타월로 물기를 완전히 제거한다.
2 대구살은 0.2cm 크기로 잘게 다진다.
3 당근은 1cm 크기로 깍둑썰기 하고 애호박은 4등분한 뒤 0.5cm 두께로 자른다. 홍고추는 슬라이스한다.
4 달걀은 노른자를 분리한 뒤 흰자에 소금을 넣고 풀어둔다.
5 볼에 두부, 대구살, 감자전분, 달걀노른자, 흰 후추, 소금을 넣고 반죽한다. 탁구공보다 작은 크기의 공 모양으로 빚는다.
6 냄비에 다시마디포리국물을 넣고 끓으면 5의 완자와 간장을 넣는다.
7 완자가 어느 정도 익으면 당근과 애호박을 넣고 끓인 뒤 풀어둔 달걀흰자, 홍고추를 넣는다.
8 달걀흰자가 하얗게 변하면 불을 끈다.

TIP

완자 반죽은 공 모양을 만들 수 있을 정도로 점도가 있어야 하는데 재료의 수분에 따라 달라지므로 감자전분을 이용해 점도를 조절합니다. 흰 살 생선과 두부를 사용하므로 흰 후추를 사용해 깨끗한 완자 반죽을 만듭니다. 달걀흰자가 너무 익으면 비린내가 날 수 있으니 투명한 색에서 흰색으로 변하면 불을 끕니다.

닭볶음탕

닭볶음탕은 우리집 단골 저녁 메뉴입니다. 남편의 술안주로도 좋고 저의 저녁 식사로도 안성맞춤이거든요. 매콤한 국물에 닭살을 찢어서 비벼 먹으면 그날은 평소보다 밥을 많이 먹게 되니 조심해야 합니다. 입맛이 없을 때나 힘이 나는 음식을 먹고 싶을 때 추천합니다.

재료_ 닭(볶음용) 1마리, 감자 2개, 당근 1개, 양파 1개, 대파 1대, 간장 3큰술, 고추장 2큰술, 고춧가루 2큰술, 마늘 다진 것 1큰술, 물 3컵, 올리고당 2큰술, 식용유 적당량

만드는 법_
1 감자는 껍질을 제거해 4등분하고 당근은 3cm 두께로 자른다.
2 양파는 반으로 자른 뒤 4등분한다.
3 대파의 $\frac{1}{3}$은 1.5cm 간격으로 어슷하게 썰고 나머지는 3cm 길이로 자른다.
4 닭은 뼈 안쪽 내장을 제거하고 깨끗하게 씻은 뒤 늘어지는 껍질은 자른다.
5 볼에 간장, 고추장, 고춧가루, 마늘을 넣고 섞는다.
6 웍에 식용유를 두르고 손질한 닭과 **5**의 양념을 넣고 볶는다.
7 양념이 잘 묻을 때까지 볶다가 물을 넣고 끓인다.
8 물이 끓으면 감자, 당근, 양파, 대파, 올리고당을 넣는다.
9 감자와 닭이 다 익으면 불을 끈 뒤 어슷하게 썬 대파를 올린다.

TIP

닭의 갈빗대에는 내장이 붙어 있으니 흐르는 물에 깨끗이 씻어 내장을 제거해 누린내가 나지 않도록 합니다. 닭의 지방이 걱정된다면 닭을 끓는 물에 넣고 5분 정도 데친 뒤 흐르는 물에 씻은 다음 사용하면 어느 정도 지방을 제거할 수 있습니다.

대구탕

맑은 국물의 대구는 대표적인 경상도 음식입니다. 대구는 12월~2월이 산란기인데 한류를 따라 남해 연안에서 산란을 합니다. 그래서 거제 외포는 겨울철이면 대구잡이로 항구가 들썩거립니다. 겨울철 대구는 비린내가 적고 쫄깃한 맛이 좋아 대구회, 대구튀김, 대구탕, 대구찜 등 다양한 요리를 활용합니다. 특히 거제에서는 말린 회를 즐기는데 살짝 말리면 찰기와 맛이 농축되어 감칠맛이 살아 있습니다. 제철이 지나면 탕으로 만들어서 시원하게 먹습니다.

재료_ 대구 손질한 것 1마리, 무 $\frac{1}{4}$개, 두부 $\frac{1}{2}$모, 대파 1대, 홍고추 1개, 마늘 3알, 물 5컵, 북어머리 말린 것 1개, 청주 1큰술, 식초 1큰술, 쑥갓 1줄기, 소금 약간, 후추 약간

만드는 법_
1 무는 2등분해서 1.5cm 두께로 자르고, 두부는 2cm 두께로 자른다.
2 대파와 홍고추는 어슷하게 썰고 마늘은 칼등으로 저민다.
3 냄비에 물을 넣고 북어머리 말린 것과 무를 넣고 끓인다.
4 물이 끓으면 대구의 머리와 청주를 넣고 끓인다.
5 어느 정도 국물이 우러나면 북어머리는 건져내고 대구, 두부, 홍고추, 마늘을 넣고 끓인다.
6 대구가 익으면 식초와 대파를 넣고 소금, 후추로 간한다.
7 그릇에 무, 대구, 두부 순서로 담고 쑥갓을 올린다.

TIP

대구탕을 끓일 때는 신선한 대구를 사용해야 시원하고 비린내가 없습니다. 어쩔 수 없이 냉동 대구를 사용한다면 고춧가루를 더 넣어 매콤한 대구탕을 끓이는 것이 좋습니다.

술안주

비가 오거나 습도가 높은 날이면 남편은 막걸리가 먹고 싶다고 하는데 그런 날에는 저도 고기를 넣은 녹두전이나 홍합과 조갯살을 다져 넣은 부추전이 떠올라요. 이래서 부부는 일심동체라고 하나요? 전은 비슷비슷하다고 말하는 사람들도 있지만 남편과 저는 부추전에 대한 취향이 확고해요. 남편은 어릴 적 할머니가 해주신 부추전을 좋아하는데 그 부추전은 밀가루 반죽이 많고 부추는 조금, 홍합은 가득 넣은 얇은 전이에요. 저는 감자전분을 넣어 바삭하면서 부추는 듬뿍, 고춧가루와 액젓도 조금 넣은 전을 좋아하지요.

서울 김치가 시원한 맛이라면 경상도 김치는 젓갈과 고춧가루가 많이 들어가 짭조름합니다. 경상도 김치를 참기름에 볶아 뜨끈한 촌두부와 같이 먹으면 어느새 남편은 소주를 따르고 있어요. 맛있는 음식에 술이 빠지면 서운하잖아요.

작년 여름은 참 무더웠어요. 조금만 움직여도 땀이 흘러 밖으로 나가는 것도 힘들었지요. 하루 종일 땀 흘리며 일하다 집에 온 남편은 입맛도 없고 기운도 없어요. 그럴 때는 바삭한 새우튀김에 시원한 맥주 한 잔을 따라줘요. 무더운 여름밤에 시원한 맥주만큼 잘 어울리는 것이 또 있을까요.

두부제육김치

고춧가루로 맛을 낸 제육김치볶음과 따끈한 두부로 만든 든든한 술안주입니다. 두부제육김치를 만들 때는 두부를 조금 더 신경 써서 고릅니다. 국산 콩으로 만들어 콩 함량이 높고 화학 재료가 들어가지 않은 재래식 두부를 사용해요. 고소한 두부에 제육김치볶음을 올려 먹어야 제맛이니까요.

재료_ 김치 $\frac{1}{2}$포기, 대파 1대, 돼지고기(앞다리살) 300g, 두부 1모, 참기름 적당량, 깨 적당량, 식용유 적당량, 소금 약간, 후추 약간

| 돼지고기 밑간 | 설탕 1작은술, 미림 2큰술, 소금 약간, 후추 약간

| 양념장 | 간장 1큰술, 고춧가루 2큰술, 올리고당 1큰술, 마늘 다진 것 1큰술

만드는 법_

1 김치는 속을 털어내고 4cm 길이로 자른다.
2 대파는 1.5cm 크기로 어슷하게 자른다.
3 돼지고기는 5cm 길이로 자르고 분량의 밑간 재료를 넣고 10분 정도 재운다.
4 볼에 분량의 양념장 재료를 넣고 섞는다.
5 냄비에 물을 끓인 뒤 참기름을 넣고 두부를 5분 정도 데친다. 데친 두부는 2등분한 뒤 2cm 두께로 자른다.
6 달군 팬에 식용유를 살짝 두르고 돼지고기와 4의 양념장을 넣고 볶는다.
7 돼지고기가 반쯤 익으면 김치와 대파를 넣고 볶은 뒤 마지막으로 소금, 후추로 간을 하고 참기름과 깨를 뿌리고 불을 끈다.

TIP

두부를 데칠 때 참기름을 2~3방울 넣고 데치면 고소한 향이 납니다. 김치는 속을 털어내지 않으면 무에서 수분이 나와 제육김치볶음이 질척거릴 수 있으니 속을 털어내고 볶습니다.

새우채소튀김

새우튀김은 남녀노소 누구나 좋아하는 음식입니다. 거기에 채소를 튀겨서 곁들이면 근사한 안주가 완성됩니다. 저는 튀김옷이 얇은 것을 좋아해서 달걀물에 빵가루를 묻혀서 튀기는데 바삭하고 밀가루가 적게 들어가 소화도 잘됩니다. 살찔 걱정은 뒤로 미뤄두고 맛있는 튀김과 맥주 한 잔 어떤가요?

재료_ 새우 3마리, 팽이버섯 $\frac{1}{2}$봉지, 꽈리고추 3개, 쑥갓 2줄기, 달걀 2개, 튀김가루 1컵, 빵가루 1컵, 식용유 적당량, 꽃소금·히말라야소금·허브소금 약간씩

만드는 법_
1 새우는 꼬리 부분의 물총주머니를 제거하고 몸통의 껍질을 벗긴다.
2 팽이버섯은 밑동을 자르고 반으로 나눈 뒤 위쪽을 펼친다.
3 꽈리고추는 꼭지를 제거하고 쑥갓은 잎을 떼지 않고 씻은 뒤 물기를 뺀다.
4 볼에 달걀을 넣고 거품기로 섞어 달걀물을 만든다.
5 튀김가루, 달걀물, 빵가루를 준비한다.
6 냄비에 식용유를 넉넉히 넣고 170℃가 되면 채소에 튀김가루, 달걀물, 빵가루 순서로 옷을 입히고 먼저 채소를 튀긴 뒤 새우를 튀긴다.
7 세 가지 소금을 곁들인다.

TIP

새우를 튀길 때는 꼬리의 물총주머니를 꼭 제거해야 합니다. 물총주머니를 그냥 두면 기름이 튀어 화상을 입을 수 있으니 주의하세요. 새우의 등을 펴서 튀김을 만들고 싶다면 새우 배 쪽에 칼집을 넣으면 됩니다. 간단하게 튀김반죽을 만들어 튀겨 먹어도 좋습니다.

꼬막무침

겨울이 시작되면 시장에 꼬막이 나오기 시작합니다. 꼬막은 맛도 좋고 영양도 풍부해 겨울철 별미지요. 시장에 꼬막이 나오면 남편은 퇴근길에 꼬막을 사 옵니다. 잘 삶은 꼬막은 소면과 같이 먹어도 좋고 반찬으로 먹어도 무척 맛있습니다. 새삼 꼬막 한 봉지에도 행복해지는 겨울이 더욱 좋아지네요.

재료_ 꼬막 500g, 소면 50g, 쪽파 2대, 간장 3큰술, 고춧가루 2큰술, 올리고당 1큰술, 마늘 다진 것 1큰술, 소주 50ml, 참기름 약간, 소금 약간, 깨 적당량

만드는 법_

1 꼬막은 소금을 넣은 물에 해감한 뒤 껍질을 깨끗이 씻는다.
2 소면은 삶은 뒤 찬물에 문질러 헹구고 참기름을 한방울 넣어 버무린다.
3 쪽파는 0.5cm 간격으로 잘게 자른다.
4 큰 볼에 간장, 고춧가루, 올리고당, 마늘을 넣고 섞는다.
5 냄비에 물을 끓인 뒤 꼬막과 소주를 넣고 꼬막을 한 방향으로 돌리면서 익힌다.
6 꼬막의 입이 벌어지면 체에 거르고 껍질 반을 떼어낸다.
7 양념 볼에 꼬막을 넣고 버무린 뒤 참기름과 깨를 넣는다.
8 접시에 꼬막과 소면을 담고 쪽파를 살짝 뿌린다.

TIP

꼬막을 삶을 때 소주를 넣으면 조갯살이 쫄깃해지고 비린내가 없어집니다. 꼬막 입이 전부 벌어질 때까지 익히면 꼬막이 질겨질 수 있으니 5분 이내로 익힙니다. 꼬막을 삶은 물은 버리지 말고 식혀두세요. 꼬막살에 묻은 이물질을 꼬막 삶은 물로 씻어내면 꼬막의 향을 잃지 않고 깨끗하게 먹을 수 있어요.

굴전

노란색 반죽 옷을 입은 굴전은 추운 겨울철을 위한 최고의 막걸리 안주예요. 고소한 전에 시원한 막걸리 한 잔이면 차가운 바람과 추위도 사르르 녹아버리지요. 금방 부친 굴전을 새콤하고 달콤한 간장소스에 찍어 먹으면 그 맛만으로도 겨울을 즐긴 것과 다름없지요.

재료_ 굴 150g, 당근 $\frac{1}{4}$개, 부침가루 1컵, 달걀 2개, 물 $\frac{1}{2}$컵, 식용유 적당량, 쑥갓 약간

| 간장소스 | 간장 1큰술, 식초 1큰술, 설탕 1작은술

만드는 법_

1 굴은 흐르는 물에 씻은 뒤 물기를 뺀다.

2 당근은 0.2cm 크기로 잘게 자른다.

3 볼에 부침가루, 달걀, 물을 넣어 반죽한 뒤 당근을 넣고 섞는다.

4 팬에 식용유를 두르고 달군 뒤 굴에 3의 반죽을 묻혀 노릇노릇하게 굽는다.

5 간장소스의 재료를 잘 섞어서 굴전에 곁들인다. 쑥갓을 장식한다.

TIP

굴전 반죽은 굴을 담갔을 때 반죽이 묻어날 정도의 농도가 좋습니다. 너무 묽으면 굴과 반죽이 따로따로 분리될 수 있습니다. 반죽에 당근을 잘게 잘라서 넣으면 굴의 물컹거리는 식감을 싫어하는 사람도 잘 먹을 수 있어요. 부추나 양배추를 잘게 잘라서 넣어도 색다른 맛을 즐길 수 있습니다.

가리비조개찜

가리비조개철이 되면 가리비를 사는 사람들로 해산물 가게가 북적거립니다. 가리비조개찜은 찌기만 하면 되기 때문에 만들기는 간단하지만 맛은 간단하지 않아요. 조개의 깊은 맛과 유자의 향이 어우러져 담백하고 시원한 맛을 내거든요. 날씨가 쌀쌀해지는 가리비조개철에는 은은한 유자향을 머금은 가리비조개의 맛이 자꾸 생각납니다.

재료_ 가리비조개 10개, 참나물 2줄기, 유자 1개, 물 1컵, 청주 1큰술, 소금 적당량
| 초고추장 | 고추장 1큰술, 식초 2큰술, 올리고당 1큰술, 마늘 다진 것 1작은술

만드는 법_
1 가리비조개는 소금을 넣은 물에 해감한 뒤 껍질을 깨끗이 씻는다.
2 참나물은 잎을 떼어서 줄기와 따로 담는다.
3 유자는 반으로 자른다.
4 냄비에 물을 담고 가리비조개와 청주, 참나물 줄기, 유자를 넣은 뒤 뚜껑을 닫고 8~10분 정도 찐다.
5 초고추장 재료를 잘 섞은 뒤 가리비조개찜에 곁들인다. 참나물 잎을 올린다.

TIP

가리비조개의 제철은 11월부터 12월까지로 입이 잘 다물어져 있고 표면에 광택이 나는 것을 고르면 됩니다. 가리비조개를 찔 때 청주나 소주를 넣으면 잡냄새를 제거할 수 있습니다. 오래 찌면 질겨질 수 있으니 10분을 넘기지 않도록 합니다.

닭고기튀김

맥주 안주로 자주 만드는 요리입니다. 일반 닭튀김과 달리 반죽을 따로 만들지 않고 전분가루만 넣어서 튀기기 때문에 좀 더 바삭하고 느끼하지 않습니다. 닭고기튀김에 미소땅콩소스를 곁들이면 고소한 맛이 배가되지요.

재료_ 닭고기(안심) 200g, 우유 1컵, 간장 1큰술, 마늘 다진 것 1작은술, 감자전분 10큰술, 소금 약간, 후추 약간, 식용유 적당량, 딜 다진 것 약간
| 미소땅콩소스 | 물 6큰술, 식초 3큰술, 땅콩 2큰술, 꿀 2큰술, 미소 1큰술, 생강 1작은술

만드는 법_
1 미소땅콩소스의 재료를 푸드프로세서에 넣고 곱게 갈아준 뒤 하루 정도 냉장고에서 숙성시킨다.
2 닭고기는 반으로 자르고 소금과 우유를 섞은 뒤 닭고기를 담가 냉장고에서 1시간 정도 재운다.
3 우유에 재운 닭고기를 흐르는 물에 씻는다.
4 큰 볼에 닭고기, 간장, 마늘, 소금, 후추를 넣고 버무린 뒤 감자전분을 넣고 섞는다.
5 냄비에 식용유를 넉넉히 넣어 끓인 뒤 180℃가 되면 닭고기를 하나씩 넣는다.
6 닭고기의 겉이 익으면 채반에 건지고 기름 냄비의 불순물을 체로 거른다.
7 노릇한 색이 날 때까지 한 번 더 튀긴다.
8 잘 튀긴 닭고기튀김에 딜을 뿌리고 미소땅콩소스를 곁들여 먹는다.

TIP

식용유는 재료가 충분히 담기도록 냄비 바닥에서 최소 5cm 높이로 식용유를 넣습니다. 닭안심을 자를 때는 뭉텅한 부분을 짧게 잡고 반으로 자릅니다. 그래야 비슷한 모양이 됩니다. 닭을 우유에 재우면 잡냄새가 없어지고 육질이 부드러워집니다. 처음에는 겉이 익을 정도만 튀기고 두 번째에 색이 노릇노릇해질 때까지 튀기면 바삭바삭한 튀김을 만들 수 있습니다.

다섯.

주말의 파스타와 솥밥정식

주말에 늦잠을 자는 남편을 깨우는 가장 좋은 방법은 파스타를
만드는 것입니다. 남편은 자다가도 벌떡 일어날 만큼 파스타를 좋아하거든요.
소고기를 갈아서 볶다가 토마토소스를 넣어서 뭉근하게 끓이는
그 냄새를 맡는다면 누구나 잠이 깨지 않을 수 없어요.
스파게티를 오래 삶은 다음 면 위에 토마토소스를 부으면
남편이 제일 좋아하는 옛날 토마토파스타가 됩니다.
저는 반찬 재료를 파스타에 응용하는 것을 좋아해요.
레시피를 잘 보지 않고 이것저것 넣어보는 걸 좋아해서 그런 것 같아요.
파스타에 참나물을 넣기도 하고 달래, 시금치, 고사리를 넣어
오일파스타를 만들기도 해요. 표고버섯과 느타리버섯을 갈아서
버섯페스토파스타도 자주 만들어요. 의외의 조합이라고 생각할 수도 있지만
한식 재료는 느끼하지 않고 깔끔해서 굉장히 맛있답니다.
주말 점심은 파스타 한 그릇을 먹고 나서 영화를 보거나 책을 읽고
산책을 하는 등 여유로운 시간을 보냅니다.
모처럼 쉬는 날이니 남편이 먹고 싶다는 반찬도 몇 가지 만들어두어요.
남편은 먹고 싶은 것이 많은 사람이라 수월한 편이지만
많은 주부들에게는 반찬이 늘 고민이 아닐까 싶어요.
식사를 여러 번 준비하다 보면 같은 것을 만들지 않기 위해 노력하게 됩니다.
남편이 "아무거나!"라고 말해도 재료나 조리법이 겹치지 않도록 신경을 씁니다.
주로 반찬에 변화를 주다가 일본 여행 중에 솥을 구매하면서
밥에 변화를 주기 시작했어요. 어릴 적 콩나물밥이나 밤, 은행이 들어간
솥밥은 엄마가 가끔 만들어주시는 특식이었는데 특별한 반찬이 없어도
맛있게 먹었던 기억이 나요. 그 기억을 더듬어 처음으로 콩나물을 넣고

솥밥을 만들었는데 솥 안에서 마법이 일어났는지 밥은 찰지고
콩나물은 아삭해 너무 맛있게 먹었어요.
그렇게 솥밥 사랑이 시작되어서 여름에는 초당옥수수를 넣어
옥수수밥을 만들고 전복 내장을 으깨어 전복밥을 만들어 먹었어요.
가을에는 밤을 넣거나 여러 가지 곡식을 섞어서 밥을 지었어요.
그랬더니 밥만 먹어도 맛있는 식사가 되더라고요. 솥밥을 지을 때는
간편하게 곁들일 수 있는 반찬 위주로 준비합니다.
솥에 넣은 재료와 어울리는 반찬을 만들지요. 여의치 않을 때는
솥 안에 두 가지 이상의 재료를 넣어서 밥을 지어요.
초당옥수수와 감자, 표고버섯과 당근 등을요.
주말 저녁은 되도록 건강한 밥상을 차리려고 노력해요.
주중에 챙기지 못했던 영양소를 넣어서 만들려고 하지요. 그래서 더 솥밥을
만드나 봐요. 남편은 생선 요리를 좋아하지 않는데 전분을 묻혀서
바삭하게 튀기면 비린내가 없어서 잘 먹어요. 생선을 튀기고 나물을 볶고
강된장을 끓여서 뜨끈한 솥밥 위에 척척 비벼 먹으면 건강하면서 맛있는
저녁 식사가 되지요. 저녁 식사를 하고 나면 주말은 또 금방 지나가버려요.
맛있는 요리로 주말의 아쉬움을 조금은 덜어내곤 합니다.

파스타 알기

다양한 종류의 파스타를 자주 구입해요. 시장이나 마트는 종류가 다양하지 않아서 백화점에 가거나 수입 상점을 찾기도 합니다. 자주 갈 수 없으니 한 번에 여러 종류를 구입합니다. 우리가 흔히 먹는 파스타는 듀럼밀로 만든 건조파스타입니다. 듀럼밀은 밀의 한 종류로 색이 노르스름하고 거칠어요. 듀럼밀을 거칠게 갈아 물로 반죽한 다음 파스타를 만들지요.

파스타는 모양에 따라 다양한 이름이 붙어요. 이름 뒤에 리가테가 붙으면 겉면에 각진 주름이 있다는 것을 의미해요. 이름만 보아도 어떤 모양인지 알 수 있도록 섬세하게 이름을 붙였지요. 이탈리아 사람들도 모든 파스타를 알지 못할 정도로 종류가 많다고 해요. 흔히 접하는 푸실리도 푸실리룽기, 푸실리부가티 등 그 종류가 다양하지요.

가장 많이 사용하는 면은 스파게티예요. 파스타 요리의 80% 정도가 스파게티를 사용해서인지 흔히 토마토소스를 섞은 파스타를 스파게티라고 부르지요. 하지만 스파게티는 요리 이름이 아니라 면의 이름이에요. 스파게티보다 얇은 면은 스파게티니라고 부릅니다. 바질페스토나 토마토소스를 사용할 때는 푸실리나 펜네를 사용합니다. 푸실리는 돌돌 말린 나사 모양의 면이고 펜네는 사선으로 자른 튜브 모양의 파스타로 소스가 잘 스며들어 페스토를 이용하는 요리에 무척 잘 어울려요.

남편은 파스타를 삶아서 치즈에 섞어 먹거나 샐러드에 넣어 먹는 것을 좋아하는데 그때는 나비 모양의 파르팔레를 사용해요. 부드럽게 삶아서 치즈와 샐러드에 곁들이면 간편하면서도 든든하지요. 조개를 넣은 스튜에는 리가토니를 사용해요. 리가토니는 둥근 원통 모양의 쇼트파스타로 잘 불지 않아서 스튜와 같이 끓여 먹기 좋아요.

우리가 구매하는 건조파스타는 보관하기 쉽도록 만든 것입니다. 파스타 봉지 뒷면에는 삶는 시간을 표기해서 쉽게 만들 수 있어요. 우리나라에서 만든 파스타에도 삶는 시간이 적혀 있으니 면을 삶을 때 참고하면 됩니다.

요즘은 생파스타를 이용하는 이탈리아 레스토랑이 늘었어요. 생파스타는 우리가 흔히 먹는 하얀 밀에 달걀을 넣어 반죽한 것으로 건조파스타와 달리 쫄깃하고 고소해요. 점점 파스타가 다양해져서 파스타 생활이 더 즐거워졌습니다.

실패하지 않는, 파스타 삶는 법

맛있는 파스타를 삶기 위한 방법은 어렵지 않습니다. 넉넉한 냄비, 물, 소금만 있으면 됩니다. 파스타를 삶을 때 물을 적게 넣거나 작은 냄비에 삶아서 면이 붙어버린 경험이 있을 것입니다. 그래서 냄비, 물, 소금이 중요합니다. 1인분의 파스타를 삶기 위해서는 물 5컵과 소금 1큰술이 필요합니다. 간을 맞추기 위해 소금을 넣는데 면에 간이 배어 있느냐 아니냐에 따라 맛이 달라지니 소금을 꼭 넣어주세요. 파스타를 삶을 때 올리브유를 넣기도 하지만 큰 차이는 없으니 생략해도 됩니다. 스파게티처럼 기다란 면을 삶을 때는 좁고 깊은 냄비를 사용하고 펜네나 푸실리 같은 쇼트파스타를 삶을 때는 얕고 넓은 냄비를 사용합니다. 물이 끓으면 냄비에 소금과 파스타를 넣고 면이 붙지 않도록 중간중간 저어줍니다. 많은 양의 파스타를 요리할 때는 면을 삶은 뒤 넓은 쟁반에 펼쳐서 올리브유를 뿌리고 1인 분량으로 비닐팩에 담아 보관했다가 사용해도 됩니다. 냉장고에 보관하면 2일 정도 보관 가능합니다. 하지만 그때그때 먹을 만큼만 삶아서 사용하는 것이 가장 맛있습니다. 면에 올리브유를 뿌리면 코팅되어서 소스가 잘 붙지 않습니다.

파스타를 삶는 시간은 자신이 좋아하는 면의 식감에 따라 달라집니다. 파스타 포장지에 삶는 시간이 자세하게 표기되어 있으니 그 시간을 기준으로 좋아하는 식감을 찾아 삶으면 됩니다. 집집마다 사용하는 냄비, 화력이 다르니 입맛에 맞는 시간을 기록해두었다가 요리하는 것을 추천합니다. 소스와 같이 졸이는 요리라면 팬에서 익는 시간까지 계산합니다. 파스타는 우리의 국수처럼 찬물에 헹구지 않습니다. 물에 헹구면 파스타의 전분이 씻겨나가 소스와 잘 어우러지지 않기 때문입니다.

재료

스파게티니 90g, 물 5컵, 소금 1큰술, 올리브유 1큰술

1 넓은 냄비에 물을 넣고 끓인 뒤 소금을 넣는다.

2 스파게티니를 X자로 펼쳐 냄비의 가장자리로 퍼트려서 넣는다.

3 6분에서 6분 30초 정도 삶는다.

4 면을 건진 뒤 넓은 접시에 펴고 올리브유를 뿌린 뒤 식힌다.

TIP

많은 양을 삶을 때 면을 건져서 올리브유를 뿌려두면 면이 엉겨 붙는 것을 방지할 수 있습니다. 하지만 올리브유를 넣으면 면에 소스가 잘 붙지 않으니 바로 요리할 수 있다면 올리브유를 뿌리지 않고 사용하는 것이 좋습니다. 면을 삶고 난 면수는 소스를 만들 때 농도 조절용으로 사용할 수 있으니 버리지 마세요.

홈메이드 소스

남편과 저는 오일로 만든 소스를 가장 좋아합니다. 만들기도 간단하고 느끼하지 않아서 자주 먹습니다. 달군 팬에 올리브유를 넉넉히 두르고 마늘 저민 것과 페퍼론치노를 넣고 볶다가 새우살이나 조개, 안초비 등을 넣은 뒤 면을 넣고 볶습니다. 다른 재료를 넣지 않고 마늘만 넉넉히 넣어도 맛있습니다. 면을 볶은 다음 소금과 통후추를 갈아서 간을 맞추면 간단하면서 맛있는 파스타가 완성됩니다. 올리브유에 마늘 저민 것, 바질 말린 것, 통후추, 페퍼론치노를 넣어서 미리 오일소스를 만들어두기도 합니다. 허브는 바질 대신 오레가노 말린 것이나 로즈메리를 넣어도 됩니다. 미리 만들어둔 오일소스는 오일파스타를 만들 때도 사용하고 생선이나 닭고기를 구울 때 식용유 대신 사용하면 더 풍미가 있습니다. 오일소스는 5일 정도 실온에서 보관 가능합니다. 햇빛을 보면 쉽게 산패되므로 불투명한 병에 넣거나 투명한 병에 넣은 뒤 포일로 감싸서 보관합니다.

크림소스는 보통 4인분을 만들어 냉장고에 보관해둡니다. 바로 만들어도 되지만 매번 루를 만들기가 번거로워서 미리 만들어둡니다. 루는 버터와 밀가루를 1:1 비율로 볶은 것입니다. 소스의 농도를 맞추기 위해 넣는데 우유나 국물 양의 15% 정도를 만들면 됩니다. 루를 만들 때는 약한 불에 버터를 녹이고 밀가루를 넣어 뭉치지 않도록 볶습니다. 여기에 우유를 넣고 소금과 후추로 간을 하면 크림소스가 완성됩니다. 크림소스는 5일 정도 냉장 보관이 가능합니다. 기본 크림소스는 다양하게 활용할 수 있습니다. 저는 크림소스에 레몬즙과 채 썬 레몬 껍질을 넣고 오븐에 바삭하게 구운 닭고기 요리에 곁들입니다. 불려놓은 쌀을 버터에 볶다가 버섯, 베이컨을 넣고 크림소스를 더해 리소토를 만들고 쇼트파스타를 삶아서 볶은 양파와 크림소스, 모차렐라를 넣어 그라탱을 만들기도 합니다. 토마토소스와 반씩 섞어 로제소스를 만들 수도 있습니다. 여기에 그라나파다노를 갈아 넣으면 맛이 더 풍부해집니다.

가장 기본, 토마토소스

마트에 가면 다양한 종류의 토마토소스가 있지만 제 입맛에는 항상 아쉬웠어요. 다른 재료를 더하거나 다시 볶아야 하더라고요. 소스용 토마토는 육질이 단단하고 씨가 적은 플럼토마토가 좋아요. 토마토는 빨갛게 익을 때까지 실온에서 후숙해야 맛있는 소스를 만들 수 있어요. 토마토소스를 만들어두면 파스타를 만들 때도 사용하고 바게트 위에 얹어서 먹거나 샌드위치에 발라 먹을 수도 있어서 무척 활용도가 좋아요. 빨갛게 익은 토마토가 있다면 홈메이드 토마토소스에 도전해보세요.

재료

토마토 5개, 올리브유 5큰술, 설탕 1작은술, 소금 약간, 후추 약간

TIP

빨갛게 익은 완숙 토마토를 사용합니다. 이 토마토소스로 파스타를 만들 계획이라면 취향에 따라 소스를 끓일 때 바질 말린 것, 오레가노, 월계수 잎을 추가하면 허브의 향이 풍부해집니다. 파스타를 요리할 때 양파, 마늘, 버섯, 대파를 넣고 볶다가 토마토소스와 면을 넣어 볶으면 더 맛있습니다. 토마토소스는 소독한 병에 담아 냉장고에서 보관하고 5일 안에 먹도록 합니다.

1 토마토는 깨끗이 씻고 반으로 자른 뒤 칼집을 넣고 꼭지와 심지를 제거한다.

2 껍질을 아래로 놓고 올리브유를 골고루 뿌린 다음 소금, 후추를 뿌린다.

3 180℃로 예열한 오븐에서 20분 정도 굽는다.

4 구운 토마토 껍질을 집게로 제거한 뒤 냄비로 옮겨 담는다.

5 설탕을 넣고 주걱으로 토마토를 뭉개면서 끓인다.

솥밥의 궁합

솥밥은 버튼만 누르면 밥이 되는 전기밥솥과는 다른 매력이 있습니다. 곡식이 밥이 되는 과정에서 나는 고소한 냄새만으로 특별한 메뉴를 만드는 기분이 들거든요. 솥밥은 신경을 많이 써야 하는 요리입니다. 밥물이 끓기 시작하면 불을 조절해야 하고 적당하게 뜸을 들여야 해요. 한순간도 눈을 뗄 수 없을 정도로 정성이 들어가지요.

솥밥용 솥은 뚜껑이 무거운 제품이 좋아요. 압력을 이용하기 위해서지요. 유리 뚜껑은 밥이 잘되는지는 볼 수 있지만 열을 쉽게 뺏겨 맛이 잘 나지 않더라고요. 솥밥용 솥 중에 뚜껑이 이중으로 된 솥이 있는데 김 구멍을 엇갈리게 덮은 뒤 밥을 하면 초보자도 쉽게 성공할 수 있어요. 저도 처음에는 솥밥이 참 어려웠어요. 쌀을 얼마나 불려야 하는지, 물은 얼마나 넣어야 하는지도 잘 모르겠고 좁은 솥에는 손이 잘 들어가지 않으니 손등으로 물을 조절하는 것도 어림없었지요. 빨리 불리고 싶은 마음에 뜨거운 물에 쌀을 불려서 속은 익지 않고 겉은 죽이 된 밥을 먹기도 했어요. 여러 가지 솥에 밥을 지어보니 일반 스테인리스 스틸 냄비보다는 주물이나 토기로 만든 두꺼운 냄비가 잘되더라고요.

솥밥을 지을 때 물을 많이 넣으면 쌀알이 퍼져서 맛이 없어요. 어떤 쌀로 밥을 짓느냐에 따라서도 방법이 달라집니다. 흰쌀로만 밥을 지을 때는 쌀 위 2cm 높이로 물을 맞추고 불린 다음 물을 더 추가하지 않고 그대로 지어야 고슬고슬한 밥이 돼요. 현미, 귀리, 율무를 넣은 잡곡밥을 지을 때는 잡곡을 충분히 불린 뒤 밥물을 맞춰 밥을 지어요. 콩이 들어간다면 콩은 따로 2시간 이상 불린 뒤 밥을 지어야 하고 찹쌀은 불리지 않고 밥을 짓습니다. 이 수고스러운 과정을 잘 지켜서 밥을 하면 반찬이 필요 없는 솥밥이 완성됩니다. 밥만 먹어도 맛있다는 말은 솥밥에 잘 맞는 말이었어요.

솥밥에 다른 부재료를 넣기도 합니다. 겨울에는 밥물을 조금 줄이고 큼지막하게 채 썬 겨울 무를 넣고 참기름을 한 방울 떨어뜨려 밥을 하면 다이어트에도 좋은 무밥이 됩니다. 무밥에 쪽파, 간장, 고춧가루, 청양고추, 참기름, 깨를 섞은 양념장을 곁들이면 든든한 한 끼 식사가 돼요. 겨울 무는 시원하고 달콤해서 무척 맛있어요.

솥밥에 곁들이는 맛간장에는 은은한 향이 나는 채소를 넣습니다. 부추, 쪽파, 냉이, 달래를 잘게 채 썰어 만들어요. 집에 간장 절임 밑반찬이 있다면 그 간장을 이용해 참깨, 참기름, 잘게 썬 양파나 파의 흰 부분을 넣고 만들 수도 있습니다.

누구나 성공, 솥밥 짓는 요령

솥밥을 지을 때 실패하지 않으려면 우선 쌀을 충분히 불려야 합니다. 쌀을 불릴 때는 흐르는 물에서 빠르게 씻고 생수를 넣습니다. 마른 쌀은 수분을 빨리 흡수하기 때문에 빠르게 씻어야 합니다. 흰쌀은 20분, 잡곡은 40분 이상 불립니다. 처음에는 센불에서 밥물을 끓이고 끓으면 약불로 줄여 밥을 지어요. 고소한 밥 냄새가 나면 불을 끄고 10분 정도 뜸을 들이면 완성입니다.

재료

쌀 1컵, 귀리 $\frac{1}{3}$컵, 현미 $\frac{1}{2}$컵, 물 2컵

1 쌀, 귀리 현미를 빠르게 씻은 뒤 물에 40분 정도 불린다.

2 쌀 위 2cm 높이로 물을 붓고 뚜껑을 닫은 뒤 센불에서 끓인다.

3 밥물이 끓으면 약불로 줄이고 고소한 밥 냄새가 날 때까지 끓인다.

4 불을 끄고 10분 정도 뜸을 들인다.

TIP

솥밥은 전기밥솥처럼 몇 분이 남았는지 알 수 없어요. 오로지 김 냄새를 맡고 알아야 합니다. 김이 확 올라오기 시작하면 약불로 줄이고 누룽지 냄새가 나면 불을 끄면 됩니다. 자주 만들다 보면 어느 순간 전기밥솥보다 쉬워질 거예요.

양념의 기본

제가 어린 시절을 보낸 곳은 장날이면 집에서 재배한 깨를 가져와 방앗간에 참기름을 맡기고 말린 떡가래를 가져가 뻥튀기를 만들던 시골이었어요. 방앗간 앞은 항상 고소한 냄새가 나서 지나갈 때마다 발을 멈추기 일쑤였지요. 갓 짜낸 참기름 향이 어찌나 고소하던지.

그때는 참기름의 소중함을 잘 몰랐는데 지금은 절실히 느끼고 있어요. 엄마가 가끔 방앗간에서 짠 참기름을 보내주시는데 판매용 상품과는 다른 깊고 고소한 향이 나지요. 참기름 하나만 있으면 어떤 나물도 맛있게 무칠 수 있어요.

한식 양념은 종류가 많지는 않아요. 장, 깨, 마늘, 액젓, 고춧가루가 전부지요. 이 중 조금 까다롭게 골라 쓰는 것이 있는데 바로 간장입니다. 불고기, 갈비찜을 만들 때는 진간장을 사용해요. 색이 진하고 짠맛이 약해서 색을 내는 요리에 자주 사용하지요. 진간장은 단맛이 강해서 고기를 연하게 만들어주지요. 나물을 무치거나 찌개, 국을 끓일 때는 국간장을 사용해요. 국간장은 색이 연하고 짠맛이 강해 음식의 색을 살리면서 간을 맞출 수 있어요.

회를 먹을 때는 양조간장을 사용합니다. 양조간장은 짠맛이 약하고 향이 풍부해 가열하지 않는 무침 요리에 사용하거나 소스를 만들 때 사용해요. 간장을 잘 활용하면 마늘 다진 것, 고춧가루, 참기름, 깨를 넣고 나물, 찌개, 조림 요리를 모두 만들 수 있어요.

서양 요리를 만들 때는 오일, 소금, 후추에 신경을 써요. 올리브유는 비싸더라도 향이 짙고 품질이 좋은 엑스트라버진오일을 구매하고 첨가물이 없는 소금을 넣습니다. 흰 소스나 생선에는 흰 후추를 사용하고 검은 후추도 알갱이 그대로를 그때그때 갈아서 사용해요. 서양 요리에서 매운맛을 낼 때는 페퍼론치노를 사용하는데 맵고 알싸한 맛이 우리나라 고춧가루와는 다른 매력이 있지요. 품질이 좋은 재료를 사용하면 분명 맛있는 요리를 만들 수 있어요. 좋은 맛은 좋은 재료에서 나오는 것이니까요.

곁들이는 반찬

좋은 채소를 저렴한 가격에 판매할 때는 무엇을 만들지 고민하지 않고 무조건 구입합니다. 피클을 만들어서 두고두고 먹으면 되거든요. 양배추, 오이, 토마토는 파스타에 곁들이는 피클로 만듭니다. 보통 한 달 정도 보관이 가능하고 양배추처럼 수분이 적은 채소는 3개월 정도도 보관이 가능해 든든합니다. 부추, 쪽파, 마늘 등 향이 진한 채소는 간장물이나 소금물에 절여 절임으로 만들어요. 소독한 용기에 넣어두면 3개월은 거뜬하게 보관할 수 있지만 3개월이나 남아 있는 일은 잘 없어요. 돼지고기 수육이나 삼겹살, 오리고기를 구울 때 꺼내 먹고, 밑반찬으로 곁들여요. 향이 있는 채소의 간장물은 맛간장으로도 활용할 수 있으니 일석이조예요.

활용하기 좋은, 토마토피클

여름이면 냉장고에서 떨어지지 않는 밑반찬이에요. 워낙 토마토를 좋아해서 다양한 방법으로 토마토피클을 만드는데 그 활용도가 얼마나 다양한지 셀 수 없을 정도예요. 샐러드에 넣어 먹거나 샌드위치에 올리고 파스타에 곁들이고 늦은 저녁에는 맥주 안주로도 제격이지요.

재료

대추토마토 20개, 유자 1개, 물 1컵, 설탕 $\frac{1}{2}$컵, 식초 $\frac{1}{2}$컵

1 대추토마토는 깨끗이 씻은 뒤 윗부분에 십자로 칼집을 낸다.

2 손질한 토마토에 끓는 물을 부어 껍질 끝이 벌어질 때까지 담가둔다.

3 토마토 껍질 끝이 벌어지면 건져내 흐르는 찬물에 헹구고 껍질을 제거한다.

4 유자는 베이킹소다로 문질러 씻은 뒤 2등분하여 즙을 낸다.

5 남은 유자 껍질은 흰 껍질을 제거하고 0.2cm 간격으로 얇게 채 썬다.

6 냄비에 물, 설탕, 식초, 유자즙을 넣고 설탕이 녹을 때까지 젓지 말고 끓인 뒤 완전히 식힌다.

7 소독한 병에 손질한 토마토와 채 썬 유자를 넣는다.

8 완전히 식힌 식촛물을 넣어 보관한다.

TIP

토마토 껍질을 벗길 때 끓는 물에 너무 오래 담가두면 토마토가 물러져서 피클이 지저분해져요. 완성된 다음에는 냉장 보관하고 하루가 지나면 먹을 수 있습니다. 최대 3개월 정도 보관할 수 있어요. 신맛은 취향에 맞게 조절하고 유자가 없다면 레몬으로 대체할 수 있습니다. 레몬 $\frac{1}{2}$개를 유자와 동일한 방법으로 넣습니다.

든든한 밑반찬, 마늘과 마늘종장아찌

질 좋은 마늘을 구입하면 반은 갈아서 냉장고에 보관하고 남은 마늘은 장아찌를 담가요. 식사 때마다 먹어도 질리지 않고 고기 요리를 먹을 때 꼭 곁들이게 돼요. 만드는 방법도 간단한 든든한 밑반찬입니다.

재료

마늘 깐 것 300g, 마늘종 150g, 물 3컵, 간장 1컵, 설탕 $\frac{1}{2}$컵, 식초 1컵, 소금 1작은술

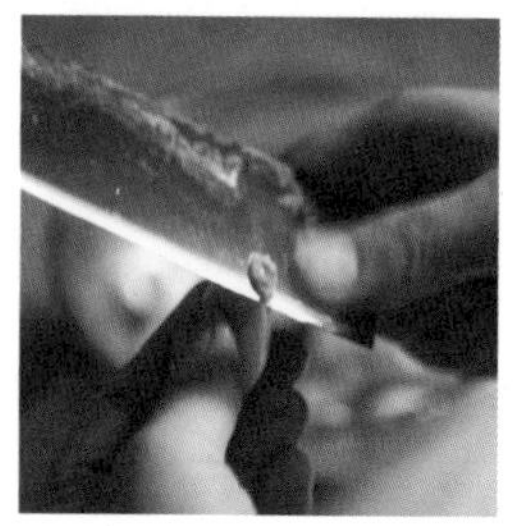

1 마늘은 꼭지를 자르고 깨끗이 씻은 뒤 물기를 제거한다.

2 마늘종은 5cm 길이로 자른다.

3 냄비에 물, 간장, 설탕, 식초, 소금을 넣고 설탕이 녹을 때까지 끓인 뒤 불을 끈다.

4 냄비에 손질한 마늘을 넣고 간장물을 식힌 뒤 소독한 유리병에 마늘과 간장물을 붓고 마늘종을 넣어 밀봉한다.

TIP

다른 장아찌와 달리 간장물이 뜨거울 때 마늘을 넣습니다. 그래야 마늘이 무르지 않고 아삭해집니다. 마늘과 마늘종장아찌는 실온에서 3일 정도 보관하고 간장물만 따라내어 다시 끓여서 식힌 뒤 넣고 냉장 보관합니다. 마늘장아찌는 마늘의 아린 맛 때문에 바로 먹을 수는 없고 한 달 정도 지난 뒤에 먹습니다.

파스타

우리집 파스타는 정해진 재료가 없어요. 그때그때 집에 있는 재료를 사용하거나 시장에서 신선한 재료를 만났을 때 그 재료들이 우리 집 파스타가 돼요. 그래서 생각하지 못한 다양한 재료가 사용되고 익숙하지 않은 재료가 어울리는 파스타를 만들 수 있어요. 파스타를 만들기 전에는 한 가지를 고민해야 합니다. 면의 종류를 선택하는 것이지요. 국물이 있는 파스타를 만들 때는 잘 불지 않는 쇼트파스타인 리가토니를 사용하고 오일소스에는 얇은 스파게티니를 사용해요. 라구소스처럼 건더기가 있는 파스타를 만들 때는 소스가 잘 붙도록 넓은 페투치니를 사용합니다.

소고기간장소스파스타

소고기와 간장이 만난 이 소스에는 밥을 비벼 먹어도 분명 맛있을 거예요. 재료만 보면 불고기를 연상하게 되지만 불고기와는 달라요. 포크에 파스타를 돌돌 말면 곱게 간 소고기가 면 사이사이에 붙어 있어서 든든하고 씹는 맛이 있어요. 서양 요리를 좋아하지 않는 사람도 맛있게 먹을 수 있어 더 좋은 파스타입니다.

재료_ 페투치니 90g, 소고기 다진 것 100g, 간장 2큰술, 올리브유 2큰술, 페퍼론치노 3개, 설탕 1작은술, 소금 1큰술, 후추 약간

만드는 법_
1 소고기는 간장 1큰술과 설탕, 후추를 넣어 밑간한다.
2 냄비에 물을 끓이고 소금을 넣은 뒤 페투치니를 삶는다.
3 달군 팬에 올리브유 1큰술을 두르고 페퍼론치노를 넣고 볶는다.
4 밑간한 소고기를 넣고 볶다가 간장 1큰술을 넣고 파스타를 끓인 면수를 1국자 넣어 끓인다.
5 4의 팬에 면을 넣고 어느 정도 볶은 뒤 면수가 거의 졸아들면 불을 끄고 남은 올리브유를 살짝 두른다.

TIP

매운맛을 좋아한다면 페퍼론치노를 더 추가하거나 쪼개서 넣으면 됩니다. 페투치니는 소스와 섞는 시간을 생각해 조금 덜 익힌 뒤 소스가 잘 배도록 팬에서 함께 볶습니다.

성게오일파스타

해녀를 떠올리면 제주가 생각나지만 거제에도 오랫동안 물질을 해온 해녀 분들이 많아요. 항구에서 물질을 마치고 돌아오는 때를 잘 만나면 그 어느 곳보다 싱싱한 성게알을 구입할 수 있습니다. 바다향을 가득 담은 성게알은 미역국에 넣기도 하고 솥밥이나 파스타에도 넣어 먹어요. 신선한 재료를 사용하니 별 다른 솜씨가 없어도 맛있는 요리를 만들 수 있지요.

재료_ 스파게티니 90g, 쪽파 1대, 성게알 3큰술, 마늘 다진 것 1작은술, 올리브유 4큰술, 소금 1큰술, 후추 약간

만드는 법_
1 냄비에 물을 끓이고 소금을 넣은 뒤 스파게티니를 삶는다.
2 쪽파는 0.3cm 길이로 송송 자른다.
3 작은 볼에 올리브유와 성게알 2큰술을 넣고 섞는다.
4 팬에 올리브유를 두르고 마늘을 넣어 볶은 뒤 스파게티니를 넣는다.
5 3의 성게알과 면수 $\frac{1}{2}$국자를 넣고 볶은 뒤 소금, 후추로 간한다.
6 접시에 파스타를 담고 성게알 1큰술과 쪽파를 올린다.

TIP

볼에 올리브유와 성게알을 넣고 섞은 뒤 바로 삶은 면을 넣어 차가운 파스타로도 먹을 수 있습니다. 팬에 성게알을 바로 넣으면 빨리 익어서 향이 날아가니 오일과 섞어서 넣는 것이 좋습니다.

새우조개파스타

따뜻한 수프가 먹고 싶지만 수프만으로 아쉬울 때는 국물이 있는 파스타를 만듭니다. 새우와 조개만 넣어도 국물이 시원해서 파스타가 아니라 할머니의 전통 있는 칼국수를 먹는 기분이 들기도 해요. 추운 겨울 따뜻하고 든든한 새우조개 파스타 한 그릇으로 몸을 녹여보아요.

재료_ 페투치니 90g, 모시조개 10개, 새우 4마리, 마늘 2알, 올리브유 1큰술, 화이트와인 1큰술, 소금 1큰술, 후추 약간, 딜 1줄기

만드는 법_
1 모시조개는 소금물에 해감한 뒤 깨끗이 씻는다.
2 새우는 껍질을 벗기고 등에 칼집을 넣는다.
3 마늘은 칼등으로 저민다.
4 냄비에 물을 끓이고 소금을 넣은 뒤 페투치니를 삶는다.
5 팬에 올리브유와 마늘을 넣고 볶는다.
6 모시조개와 새우를 넣고 볶다가 화이트와인을 두른다.
7 파스타를 삶은 면수 2국자를 넣은 뒤 끓으면 면을 넣고 한 번 더 끓인다.
8 소금, 후추로 간한다. 딜을 장식한다.

TIP

파스타를 만들 때 새우머리를 마늘과 함께 볶은 뒤 국물을 만들면 맛이 더 깊어집니다. 국물을 낸 새우머리는 면을 넣기 전에 건져냅니다.

참나물명란파스타

참나물철이 되어 시장 여기저기에서 참나물이 보이면 3일에 한 번은 참나물명란 파스타를 만들어 먹어요. 은은한 향을 가진 참나물과 감칠맛 나는 명란, 고소한 달걀노른자를 섞어 누구나 맛있게 먹을 수 있습니다. 명란 덕분에 간이 잘 배어서 더욱 맛있는 파스타예요.

재료_ 스파게티니 85g, 참나물 10줄기, 마늘 2알, 명란젓 2큰술, 달걀노른자 1개, 올리브유 적당량, 소금 1큰술, 후추 약간

만드는 법_
1 참나물은 잎과 줄기를 떼고 줄기를 5cm 간격으로 자른다.
2 마늘은 칼등으로 저민다.
3 냄비에 물을 끓이고 소금을 넣은 뒤 스파게티니를 삶는다.
4 팬을 달구고 올리브유를 두른 뒤 마늘을 넣어 볶는다.
5 명란젓 $1\frac{1}{2}$큰술과 참나물 줄기를 넣어서 볶다가 참나물의 숨이 죽으면 스파게티니를 넣고 볶는다.
6 파스타를 삶은 면수 $\frac{1}{2}$국자를 넣어 농도를 조절한다.
7 그릇에 면을 담고 달걀노른자, 명란젓 $\frac{1}{2}$큰술, 참나물 잎을 얹고 올리브유와 후추를 뿌린다.

TIP

참나물 줄기는 생으로 먹어도 괜찮지만 볶아서 넣으면 밋밋할 수 있는 파스타에 씹는 식감을 줍니다. 파스타를 먹을 때 달걀노른자를 터뜨려 파스타, 참나물과 골고루 비벼 먹으면 됩니다.

치즈후추파스타

치즈의 독특한 향과 후추의 자극적인 향이 어우러진 파스타입니다. 크림소스가 없던 시절, 치즈로 소스를 만들던 옛날 방식의 파스타예요. 크림소스와는 또 다른 매력이 있습니다. 치즈와 후추만 있어도 맛있는 파스타를 만들 수 있다는 것을 알려준 파스타기도 해요.

재료_ 푸실리 50g, 파르팔레 40g, 버터 20g, 페코리노(양젖치즈) 60g, 소금 1큰술, 후추 약간

만드는 법_
1 페코리노를 치즈 강판에 갈아 가루로 만든다.
2 냄비에 물을 끓이고 소금을 넣은 뒤 푸실리와 파르팔레를 삶는다.
3 팬을 달군 뒤 버터를 녹이고 파스타를 삶은 면수 1국자와 후추를 넣고 볶는다.
4 파르팔레와 푸실리를 건져 3의 팬에 넣고 볶다가 페코리노를 조금씩 넣으며 섞는다.
5 면수를 조금씩 넣으면서 농도를 조절한다.

TIP

페코리노를 파스타에 섞을 때는 치즈가 뭉치지 않도록 조금씩 넣습니다.

토마토파스타

마늘에 볶은 토마토소스에 방울토마토를 넣은 파스타입니다. 토마토가 맛있는 여름에 자주 만드는 파스타로 진한 토마토소스와 잘 익은 방울토마토의 만남이 무척 재밌어요. 여름에는 소스를 식혀서 차가운 파스타로도 먹을 수 있는, 두 가지 매력이 있는 파스타입니다.

재료_ 펜네 80g, 토마토소스 1컵(p.213 참고), 방울토마토 6~7개, 마늘 3알, 바질 약간, 소금 1큰술, 후추 약간, 올리브유 적당량

만드는 법_

1 방울토마토는 칼집을 낸 뒤 끓는 물에 담갔다가 꺼내 껍질을 제거한다.
2 마늘은 칼등으로 저미고 바질은 얇게 채 썬다.
3 냄비에 물을 끓이고 소금을 넣은 뒤 펜네를 삶는다.
4 팬에 올리브유를 두르고 마늘을 넣어 볶다가 토마토소스를 넣고 볶는다.
5 면수로 소스의 농도를 조절하고 펜네를 넣고 볶는다.
6 토마토소스와 펜네를 적당히 볶은 뒤 손질한 방울토마토를 넣어 볶은 다음 소금, 후추로 간한다.
7 접시에 파스타를 담고 바질을 올린다.

TIP

펜네는 삶으면 양이 두 배가 되기 때문에 분량을 잘 가늠해야 합니다. 껍질을 벗긴 방울토마토는 굉장히 부드러워서 조심스럽게 볶지 않으면 뭉개지거나 속이 터질 수 있으니 주의합니다.

채소크림파스타

집에 자투리 채소만 있다면 금방 만들 수 있는 채소크림파스타입니다. 약간 느끼할 수 있는 크림소스에 레몬즙을 뿌려 구운 채소를 곁들이면 피클이 없어도 느끼하지 않아요. 어느 집에나 냉장고에 남은 채소가 이것저것 있기 마련이잖아요. 이 파스타로 자투리 채소를 멋지게 활용해보세요.

재료_ 리가토니 90g, 가지 $\frac{1}{2}$개, 느타리버섯 1개, 미니 파프리카 3개, 옥수수 $\frac{1}{2}$개, 레몬 $\frac{1}{4}$개, 우유 300ml, 버터 20g, 밀가루 20g, 그라나파다노 간 것 2큰술, 올리브유 적당량, 소금 약간, 후추 약간

만드는 법_

1 가지는 1cm 두께의 사선으로 자르고 느타리버섯은 세로 방향으로 4등분 한다.
2 옥수수는 반으로 자르고 레몬은 즙을 짠다.
3 냄비에 물을 끓이고 소금을 넣은 뒤 리가토니를 넣고 삶는다.
4 그릴 팬을 달군 뒤 올리브유를 두르고 가지, 느타리버섯, 미니 파프리카, 옥수수를 구운 다음 소금, 후추를 뿌린다.
5 팬을 달군 뒤 약불로 줄여 버터를 녹이고 밀가루를 넣어 루를 만든다.
6 루에 우유와 그라나파다노를 넣고 끓여 크림소스를 만든다.
7 크림소스에 삶은 리가토니를 넣어 살짝 볶은 뒤 소금, 후추로 간한다.
8 주물 팬을 따뜻하게 달군 뒤 구운 채소와 크림파스타를 담고 레몬즙을 살짝 뿌린다.

TIP

리카토니는 11분 정도 삶으면 충분히 익지만 8분 정도만 익히고 팬에서 소스와 볶으면 소스가 배어 진한 크림파스타를 만들 수 있습니다.

솥밥정식

솥밥정식을 만들 때는 조화를 중요하게 생각합니다. 고기와 채소를 다양하게 사용하려고 해요. 채소가 메인일 때는 달걀이나 고기가 들어간 반찬을 준비합니다. 상황이 여의치 않다면 고기를 넣은 국을 끓입니다. 부드러운 반찬과 아삭한 반찬을 함께 준비해서 씹는 맛의 조화도 생각합니다. 무솥밥에 두부된장국, 달걀말이, 버섯볶음을 곁들여 정식을 차리곤 했는데 몇 번 밥을 먹다 보니 질리더라고요. 푹 퍼진 무에 부드러운 두부, 달걀을 같이 먹으니 입안에서 다 뭉개져서 밥 먹는 속도가 느려지고 식사 시간이 지루하기까지 했어요. 처음에는 씹는 맛의 조화를 그다지 중요하게 생각하지 않았는데 식감의 조화도 무척 중요하더라고요. 지금 만든다면 무솥밥에 소고기와 버섯을 넣은 된장국, 참나물무침, 우엉볶음을 준비했을 거예요.
저는 고기를 좋아하지만 여러 가지 고기 반찬을 곁들이지는 않습니다. 또 고기를 먹을 때는 쌈을 같이 먹거나 채소 반찬을 곁들여요. 솥밥정식을 구성할 때도 마찬가지입니다. 채소든 고기든 한 종류만 계속 먹으면 질리기 때문에 다양한 재료를 섞는 것이 좋아요. 영양의 균형과 식감의 조화를 생각하면 쉽게 만들 수 있습니다.

토마토솥밥정식

빨갛게 익은 토마토가 있기 때문에 여름을 사랑할 수밖에 없어요. 토마토가 익으면 무엇을 해먹을까 행복한 고민을 하며 하루를 보낼 때도 있어요. 볶아서 먹기도 하고 끓여서 소스를 만들기도 하고 다른 재료와 섞기도 하고 만들 수 있는 요리가 무궁무진하지요. 그중 토마토솥밥은 특히 별미입니다.

꽈리고추찜
된장국

| 토마토솥밥

재료_ 토마토 1개, 쌀 $1\frac{1}{2}$컵, 물 $1\frac{1}{2}$컵, 올리브유 1작은술, 소금 약간

만드는 법_
1 토마토는 씻어서 꼭지와 안쪽 심지를 제거한 뒤 뜨거운 물에 데쳐 껍질을 벗긴다.
2 쌀은 흐르는 물에 빠르게 씻고 물을 부은 뒤 솥에서 20분 정도 불린다.
3 솥에 올리브유를 넣어 잘 섞고 솥 가운데 손질한 토마토를 올리고 소금을 뿌린다.
4 솥뚜껑을 닫고 센불에서 끓인다.
5 밥물이 끓으면 약불로 줄인 뒤 고소한 냄새가 날 때까지 끓인다.
6 고소한 냄새가 나면 불을 끄고 뚜껑을 열지 않고 5분 정도 뜸을 들인다.

TIP

토마토는 실온에서 숙성시켜 빨갛게 익은 것을 사용합니다. 쌀밥에 토마토만 얹어도 맛있지만 취향에 따라 베이컨이나 표고버섯을 살짝 볶아서 함께 넣어도 좋습니다.

| 돼지고기버섯볶음

재료_ 표고버섯 3개, 돼지고기(등심) 50g, 간장 1작은술, 마늘 다진 것 1작은술, 식용유 적당량, 소금 약간, 후추 약간, 참기름 약간, 깨 약간, 쪽파 다진 것 약간

만드는 법_
1 표고버섯은 씻은 뒤 밑동을 제거하고 0.5cm 두께로 채 썬 다음 간장을 넣어 밑간한다.
2 돼지고기는 0.5cm 간격으로 채 썬 뒤 마늘, 소금, 후추를 넣고 밑간한다.
3 팬에 식용유를 두르고 밑간한 돼지고기를 볶다가 표고버섯을 넣어 볶는다.
4 재료가 어느 정도 볶아지면 참기름과 깨를 뿌린다.
5 쪽파를 올린다.

TIP

표고버섯을 다듬을 때는 밑동을 버리는데 이 밑동의 깨끗한 부분을 세로로 잘게 찢어 표고 머리와 같이 밑간해서 요리에 넣으면 쫄깃한 식감이 납니다. 돼지고기는 등심 부위가 없다면 기름이 적은 안심이나 목살 부위를 사용해도 담백하고 맛있습니다.

| 꽈리고추찜

재료_ 꽈리고추 100g, 찹쌀가루 3큰술, 간장 2큰술, 마늘 다진 것 $\frac{1}{2}$작은술, 올리고당 1큰술, 소금 약간, 참기름 약간, 깨 약간

만드는 법_
1 꽈리고추는 꼭지를 떼고 씻은 뒤 체에 밭쳐 물기를 뺀다.
2 볼에 꽈리고추와 찹쌀가루를 넣고 버무린다.
3 찜용 냄비에 물을 끓이고 면포를 깐 뒤 버무린 꽈리고추를 겹치지 않도록 펼쳐 놓는다.
4 꽈리고추 겉에 묻은 찹쌀가루가 투명해질 때까지 찐 뒤 꺼내서 식힌다.
5 볼에 간장, 마늘, 올리고당을 넣고 섞는다.
6 식힌 꽈리고추를 5에 넣어 버무린다. 소금으로 간을 하고 참기름과 깨를 뿌린다.

TIP

꽈리고추를 씻고 나서 물기를 완전히 제거하면 찹쌀가루가 잘 묻지 않고, 물기가 너무 많으면 쪘을 때 찐득해집니다. 찹쌀가루가 잘 붙을 정도의 물기가 적당합니다. 찌고 난 꽈리고추는 완전히 식기 전에 하나씩 떼어내세요.

| 된장국

재료_ 무 $\frac{1}{6}$개, 두부 $\frac{1}{2}$모, 다시마디포리국물 $2\frac{1}{2}$컵(p.157 참고), 된장 1큰술

만드는 법_
1 무는 가로세로 3cm 크기로 자른다.
2 두부는 무와 비슷한 크기로 깍둑썰기 한다.
3 냄비에 다시마디포리국물, 무를 넣고 끓인 뒤 국물이 끓으면 된장을 넣는다.
4 두부를 넣고 한 번 더 끓인다.

TIP

된장국은 된장으로만 간을 맞춥니다. 집집마다 된장의 염분이 다르기 때문에 레시피의 분량에 신경 쓰지 말고 된장의 양을 조절하면 됩니다. 맑은 된장국을 만들 때는 콩이 보이지 않는 고운 입자의 된장을 사용합니다.

고사리솥밥정식

고사리는 '산에서 나는 소고기'라고 불릴 만큼 영양소가 풍부한 식재료입니다. 봄철에 꺾어서 데친 고사리를 말려두면 사계절 내내 먹을 수 있어요. 저는 고사리를 솥밥으로 즐겨 먹습니다. 솥밥에 넣으면 부드러워서 소화도 잘되고 달짝지근한 간장소스에 비벼 먹으면 그 맛이 참 잘 어울려요.

세발나물무침

달걀장

소고기뭇국

고사리솥밥

재료_ 고사리 말린 것 10g, 현미 $1\frac{1}{2}$컵, 물 $1\frac{1}{2}$컵, 간장 1작은술, 참기름 약간

만드는 법_
1 고사리 말린 것은 삶은 뒤 하루 정도 찬물에 담가둔다.
2 팬에 참기름을 두르고 고사리를 살짝 볶은 뒤 간장을 넣고 식힌다.
3 현미는 씻은 뒤 40분 이상 불린다.
4 솥에 불린 현미를 넣고 물을 부은 뒤 고사리를 얹어 끓인다.
5 센불에서 끓이다가 밥물이 끓으면 약불로 줄여 고소한 냄새가 날 때까지 끓인다.
6 고소한 냄새가 나면 불을 끄고 10분 정도 뜸을 들인다.

TIP

고사리는 특유의 떫은맛이 날 수 있으니 삶은 뒤 하루 정도 찬물에 담가둡니다. 여름에는 냉장고에서 보관하고 겨울에는 실온에 두었다가 흐르는 물에 씻어서 사용합니다. 현미로만 밥을 지으면 찰기가 없어서 먹기 불편하다면 현미 1컵에 찹쌀 $\frac{1}{2}$컵을 섞어 밥을 지으면 됩니다.

간장소스

재료_ 청양고추 1개, 올리고당 1큰술, 간장 3큰술, 고춧가루 1작은술

만드는 법_
1 청양고추는 씻은 뒤 0.1cm 두께로 얇게 채썬다.
2 볼에 모든 재료를 넣고 잘 섞는다.

세발나물무침

재료_ 세발나물 30g, 홍고추 $\frac{1}{3}$개, 간장 1작은술, 마늘 다진 것 1작은술, 올리고당 1작은술, 참기름 약간, 깨 약간

만드는 법_
1 세발나물은 깨끗이 씻어 5cm 간격으로 자른다.
2 홍고추는 0.2cm 두께로 얇게 채 썬다.
3 볼에 간장, 마늘, 올리고당을 넣고 섞는다.
4 3의 볼에 세발나물과 홍고추를 넣고 버무린다.
5 마지막으로 참기름과 깨를 넣는다.

TIP

세발나물은 갯벌에서 자라는 나물로 자체에 염분이 있습니다. 그 점을 염두에 두고 간을 조금 약하게 합니다.

| 달걀장

재료_ 달걀 5개, 대파 1대, 물 $1\frac{1}{2}$컵, 간장 1컵, 설탕 $\frac{1}{2}$컵, 식초 1큰술, 소금 약간

만드는 법_
1 냄비에 물을 끓이고 식초, 소금을 넣고 달걀을 6분 정도 삶는다.
2 대파는 3등분한다.
3 냄비에 물, 간장, 설탕을 넣고 설탕이 녹을 때까지 끓인 뒤 대파와 함께 볼에 담아 식힌다.
4 달걀 껍질을 벗기고 반찬통에 만들어둔 간장물과 달걀을 넣은 뒤 하루 정도 냉장고에서 숙성시킨다.

TIP

달걀은 6분에서 6분 30초 정도 삶고 찬물에 담가 충분히 식힌 뒤 껍질을 벗깁니다. 달걀장은 냉장고에서 하루 정도 숙성시키고 먹으면 됩니다. 3일 정도 보관할 수 있으므로 많은 양을 만들지 말고 그때그때 만들어 먹는 것이 좋습니다.

| 소고기뭇국

재료_ 소고기(양지) 150g, 무 $\frac{1}{4}$개, 참기름 1큰술, 물 3컵, 마늘 다진 것 1작은술, 간장 1큰술, 소금 약간

만드는 법_
1 소고기는 1.5cm 크기로 자른다.
2 무는 소고기보다 조금 크게 자르고 0.5cm 두께로 얇게 자른다.
3 냄비에 참기름을 두르고 소고기를 넣어 볶다가 무와 간장을 넣고 볶는다.
4 물과 마늘을 넣고 푹 끓인다.
5 무가 익으면 소금으로 간한다.

TIP

무는 레시피보다 더 넣어도 됩니다. 무를 참기름에 살짝 볶아서 끓이면 무에 간이 배어 더 맛있습니다. 무에서 수분이 많이 나오므로 무의 양을 보고 물을 조절하면 됩니다.

버섯솥밥정식

버섯은 무척 좋은 재료입니다. 소고기 못지않은 식감이 있고 특유의 은은한 향이 있어 요리에 사용하면 풍미를 더해줍니다. 버섯솥밥을 만드는 날은 밥을 두 그릇 먹는 날입니다. 버섯솥밥에 김장아찌를 한 장 올리고 무말랭이무침을 하나 얹어 먹으면 밥도둑이 따로 없습니다.

무말랭이무침

버섯솥밥

김장아찌

조갯국

| 버섯솥밥

재료_ 팽이버섯 $\frac{1}{2}$개, 목이버섯 4개, 느타리버섯 60g, 쌀 1컵, 귀리 $\frac{1}{3}$컵, 물 1$\frac{1}{3}$컵, 참기름 약간, 소금 약간

만드는 법_
1 버섯은 지저분한 부분을 자르고 손으로 찢는다.
2 손질한 버섯을 볼에 담고 참기름, 소금을 넣어 밑간한다.
3 쌀과 귀리를 씻은 뒤 30분 정도 불린다.
4 솥에 쌀을 담고 물을 부은 뒤 밑간한 버섯을 얹는다.
5 센불에서 끓이다가 물이 끓으면 중불로 줄이고 고소한 밥 냄새가 날 때까지 끓인다.
6 고소한 냄새가 나면 불을 끄고 10분 정도 뜸을 들인다.

TIP

버섯은 열을 가하면 수분이 많이 나옵니다. 살짝 말린 버섯을 사용하면 향이 짙어져서 더 맛있습니다.

| 무말랭이무침

재료_ 무말랭이 30g, 다시마디포리국물 1컵(p.157 참고), 찹쌀가루 1큰술, 간장 3큰술, 고춧가루 2큰술, 마늘 다진 것 1작은술, 올리고당 1큰술, 참기름 약간, 깨 약간

만드는 법_
1 무말랭이는 다시마디포리국물을 넣고 1시간 정도 불린다.
2 불린 무말랭이의 물기를 짠다.
3 냄비에 찹쌀가루, 2의 남은 다시마디포리국물 2큰술을 넣고 끓여서 찹쌀풀을 만든다.
4 볼에 찹쌀풀, 간장, 고춧가루, 마늘, 올리고당을 넣고 섞는다.
5 4의 볼에 불린 무말랭이를 넣고 무친 뒤 참기름과 깨를 뿌린다.

TIP

꼬들꼬들한 식감의 무말랭이무침을 먹고 싶다면 무말랭이를 불리는 시간을 줄이고, 부드럽게 먹고 싶다면 불리는 시간을 늘립니다. 무말랭이는 물기가 없어야 양념이 골고루 배니 물기를 잘 짜야 합니다.

| 김장아찌

재료_ 김 20장, 생강 $\frac{1}{3}$개, 물 2컵, 다시마 작은 것 1조각, 간장 1컵, 설탕 5큰술, 올리고당 1큰술, 깨 약간

만드는 법_
1 김은 반으로 자른 뒤 다시 3등분해서 1장을 6등분한다.
2 생강 껍질을 제거하고 얇게 편으로 썬다.
3 냄비에 물과 다시마를 넣고 끓인다.
4 다시마는 건져내고 간장, 설탕, 올리고당을 넣고 설탕이 녹을 때까지 끓인 뒤 불을 끄고 생강을 넣고 한 김 식힌다.
5 반찬통에 김 5장을 넣고 4의 식힌 간장물을 얹은 뒤 가운데 깨를 뿌린다.
6 5의 방법을 반복한다.

TIP

파래김은 간장물을 넣으면 풀어지므로 사용하지 않습니다. 김밥김이나 생김을 사용하세요.

| 조갯국

재료_ 모시조개 20개, 물 3컵, 마늘 다진 것 1작은술, 참나물 약간, 소금 약간, 후추 약간

만드는 법_
1 모시조개를 소금물에 해감한 뒤 깨끗이 씻는다.
2 냄비에 물을 끓이고 모시조개와 마늘을 넣는다.
3 모시조개가 입을 벌리면 소금, 후추로 간한다.
4 참나물을 곁들인다.

TIP

다른 재료를 넣지 않고 모시조개만 끓여도 국물이 시원합니다. 모시조개가 우러나서 국물이 뽀얗게 변하면 간을 하고 불을 끕니다. 시원한 맛을 낼 욕심에 모시조개를 너무 많이 넣으면 짜서 먹을 수가 없으니 주의해야 합니다.

대나무통밥정식

거제는 해풍을 맞고 자란 맹종죽이 유명합니다. 맹종죽은 굵기가 굵은 대나무의 한 종류로 윤기가 적으며 매우 단단합니다. 거제에 봄이 오면 맹종죽순으로 만든 요리를 만날 수 있습니다. 맹종죽을 사용한 수육, 백숙, 대나무통밥 등을 많이 먹지요. 저도 봄이 되면 대나무통밥정식으로 거제의 봄을 즐깁니다. 찰밥에 대나무향이 배어 밥만 먹어도 참 맛있습니다.

오징어무침

대나무통밥

감자조림
달걀국

| 대나무통밥

재료_ 대나무통 1개, 쌀 $\frac{1}{3}$컵, 찹쌀 $\frac{1}{3}$컵, 물 $\frac{2}{3}$컵, 은행 4알

만드는 법_
1 쌀과 찹쌀은 깨끗이 씻어 불린다.
2 면포와 명주실은 끓는 물에 소독한다.
3 대나무통은 안과 겉을 솔로 깨끗이 씻고 엎어서 말린다.
4 대나무통에 불린 쌀을 넣고 물을 부은 뒤 은행을 얹는다.
5 대나무통 입구를 면포로 감싸고 명주실로 묶는다.
6 냄비에 대나무통을 넣은 뒤 대나무통이 $\frac{1}{3}$정도 잠길 만큼 물을 붓고 뚜껑을 닫고 끓인다.
7 센불에서 7분 정도 끓이다가 중불로 조절해 물이 거의 다 졸아들 때까지 끓인다.

TIP

대나무통밥은 대나무통을 냄비에 중탕하여 만듭니다. 대나무통의 입구를 잘 봉하고 냄비 뚜껑을 꼭 닫고 만들어야 찰진 밥을 지을 수 있습니다. 대나무는 푸른색의 흠집이 없는 것을 고릅니다. 안쪽을 씻다 보면 하얀색 막이 나오는데 깨끗이 제거합니다. 대나무통은 흐르는 수돗물에만 씻어도 괜찮습니다. 하지만 한 번 밥을 지은 대나무통은 식용으로 재활용하지 않습니다.

| 오징어무침

재료_ 오징어 1마리, 쪽파 2대, 식초 3큰술, 올리고당 1큰술, 마늘 다진 것 $\frac{1}{2}$작은술, 굵은 소금 약간, 소금 약간

만드는 법_
1 오징어는 굵은 소금으로 문질러 껍질을 제거하고 입과 내장을 제거해 깨끗이 씻는다.
2 다리는 하나씩 분리해 자르고 몸통은 세로로 반을 자른 다음 1.5cm 간격으로 자른다.
3 쪽파는 오징어 몸통과 비슷한 길이로 자른다.
4 냄비에 물을 넣고 끓인 뒤 소금, 식초 1큰술, 오징어를 넣고 색이 변할 때까지 데친다.
5 볼에 식초 2큰술, 올리고당, 마늘, 소금을 넣은 뒤 데친 오징어와 쪽파를 넣고 무친다.

TIP

오징어를 데칠 때는 투명한 오징어가 흰색이 될 때까지만 데칩니다. 너무 오래 데치면 질겨서 맛이 떨어집니다.

| 감자조림

재료_ 감자 2개, 청양고추 1개, 다시마디포리국물 1컵(p.157 참고), 꽈리고추 4개, 간장 3큰술, 소금 약간, 올리고당 1큰술

만드는 법_ 1 감자는 껍질을 제거한 뒤 4등분한다.
2 청양고추는 자르지 않고 통째로 사용한다.
3 냄비에 감자와 청양고추, 다시마디포리국물, 간장, 소금을 넣고 끓인다.
4 감자가 익으면 청양고추를 꺼내고 꽈리고추와 올리고당을 넣는다.
5 감자가 갈색이 되고 육수가 자작해질 때까지 졸이고 불을 끈다.

TIP

감자조림을 만들 때는 중간에 한 번 뒤적거려 간이 잘 배도록 합니다. 겉이 부서지면 지저분해질 수 있으므로 많이 뒤적거리지 않습니다. 매운맛을 더 내고 싶으면 청양고추에 살짝 칼집을 내어 고추의 매운맛이 배도록 합니다. 고추씨가 나오면 지저분해지므로 자르지 말고 사용합니다.

| 달걀국

재료_ 달걀 3개, 다시마디포리국물 $2\frac{1}{2}$컵(p.157 참고), 간장 1작은술, 소금 약간, 후추 약간

만드는 법_ 1 볼에 소금을 넣고 달걀을 풀어 달걀물을 만든다.
2 냄비에 다시마디포리국물을 끓인 뒤 간장을 넣는다.
3 국물이 끓으면 한 방향으로 저으면서 달걀물을 붓는다.
4 달걀의 색이 밝아지면 불을 끄고 소금, 후추를 넣어 간한다.

TIP

달걀을 너무 익히면 국과 달걀이 어우러지지 않고 달걀이 뭉쳐져 비린내가 납니다. 달걀물은 마지막에 넣고 달걀이 익기 시작하면 바로 불을 끄세요.

햅쌀흑미솥밥정식

햅쌀은 그해에 수확한 쌀을 말합니다. 신선한 쌀인 만큼 밥을 지으면 윤기가 나고 고소해 인기가 많습니다. 햅쌀로 밥을 지을 때는 꼭 된장국이 있어야 할 것 같아요. 매콤하고 자극적인 맛보다는 담백하고 깔끔한 국이나 반찬이 떠오르거든요. 햅쌀에 오독오독 씹히는 흑미를 더하고 생선을 굽고 강된장을 만들어서 쌈을 싸서 먹는 맛! 그 맛이 우리가 늘 그리워하는 집밥이 아닐까 싶어요.

참나물무침

우럭생강구이

햅쌀흑미밥

강된장

| 햅쌀흑미솥밥

재료_ 햅쌀 1컵, 흑미 $\frac{1}{3}$컵, 물 1$\frac{1}{3}$컵

만드는 법_ 1 햅쌀과 흑미를 씻고 물을 부어 30분 정도 불린다.
2 솥에 쌀을 넣고 물을 부은 뒤 뚜껑을 닫고 센불에서 끓인다.
3 밥물이 끓기 시작하면 약불로 줄이고 고소한 밥 냄새가 날 때까지 끓인다.
4 불을 끄고 10분 정도 뜸을 들인다.

| 우럭생강구이

재료_ 우럭 손질한 것 $\frac{1}{2}$토막, 생강 $\frac{1}{3}$개, 대파 흰 부분 3cm, 식용유 적당량, 소금 약간, 후추 약간

만드는 법_ 1 우럭은 사선으로 칼집을 내어 소금, 후추를 뿌려 밑간한다.
2 생강은 0.2cm 두께로 얇게 채 썬다.
3 대파는 반으로 자른 뒤 0.2cm 두께로 얇게 채 썬다.
4 달군 팬에 식용유를 넉넉히 두르고 우럭을 굽는다.
5 우럭 속까지 익으면 접시에 담고 생강과 대파를 올린다.

TIP

생선을 구울 때는 식용유를 넉넉히 둘러서 튀기듯이 굽습니다. 튀기듯 구우면 잡냄새가 나지 않고 겉은 바삭하고 안은 촉촉한 생선구이를 만들 수 있어요. 좀 더 바삭한 생선을 좋아한다면 전분가루를 묻혀 구우면 됩니다.

| 참나물무침

재료_ 참나물 30줄기, 간장 2큰술, 고춧가루 1큰술, 올리고당 1큰술, 마늘 다진 것 $\frac{1}{2}$작은술, 참기름 약간, 깨 약간

만드는 법_ 1 볼에 간장, 고춧가루, 올리고당, 마늘을 넣고 잘 섞는다.
2 참나물은 잎을 떼고 줄기는 5cm 길이로 자른다.
3 **1**의 양념을 섞은 볼에 참나물을 넣고 버무린다.
4 마지막으로 참기름과 깨를 뿌린다.

TIP

참나물 줄기는 미리 양념을 해도 되지만 잎은 먹기 직전에 버무립니다. 잎이 얇아서 금방 숨이 죽어버리기 때문입니다. 깨를 뿌릴 때는 손으로 으깨어 뿌리거나 깨를 빻아서 넣으면 더 고소한 맛을 낼 수 있습니다.

| 강된장

재료_ 두부 $\frac{1}{2}$모, 양파 $\frac{1}{2}$개, 청양고추 1개, 애호박 $\frac{1}{2}$개, 표고버섯 2개, 참기름 1큰술, 파 다진 것 1큰술, 된장 2큰술, 고춧가루 1큰술, 마늘 다진 것 1작은술, 다시마디포리국물 1컵(p.157 참고)

만드는 법_
1 두부는 물기를 제거하고 손으로 으깬다.
2 양파는 세로로 칼집을 넣어 1cm 크기로 잘게 다진다.
3 청양고추는 0.2cm 간격으로 얇게 채 썬다.
4 애호박과 표고버섯은 1cm 크기로 깍둑썰기 한다.
5 냄비를 달군 뒤 참기름을 넣고 파, 양파, 애호박, 표고버섯을 넣고 볶는다.
6 양파가 투명해질 때까지 볶은 뒤 된장, 고춧가루를 넣고 볶다가 두부, 청양고추, 마늘, 다시마디포리국물을 넣고 끓인다.
7 채소가 다 익으면 불을 끈다.

TIP

강된장을 만들 때 된장을 함께 볶으면 재료에 맛이 배어 깊은 맛이 납니다. 강된장과 똑같은 방법으로 만들다가 다시마디포리국물을 5큰술만 넣어 볶으면 맛된장이 됩니다. 맛된장은 양배추쌈이나 다시마쌈을 먹을 때 곁들이면 맛있습니다. 냉장고에 보관하면 일주일 정도 먹을 수 있습니다.

돼지고기장조림

어묵당근볶음

조개솥밥

조개솥밥정식

해산물이라면 반색부터 하는 남편은 조개솥밥을 무척 좋아합니다. 참기름에 볶은 조갯살이 들어가 고소한 향을 풍기는 솥밥에 간장을 조금 넣어 비벼서 김에 싸 먹으면 반찬이 필요 없을 만큼 오감을 만족시킵니다. 감칠맛까지 있어 입맛이 없을 때도 무척 좋은 별미니 언제든지 추천하는 메뉴입니다.

김과 부추맛간장

숙주국

| 조개솥밥

재료_ 바지락살 80g, 쌀 1컵, 율무 $\frac{1}{3}$컵, 보리 $\frac{1}{3}$컵, 물 $1\frac{2}{3}$컵, 참기름 약간

만드는 법_
1 쌀과 율무, 보리는 씻고 20분 정도 불린다.
2 바지락살은 흐르는 물에 씻은 뒤 체에 밭쳐 물기를 뺀다.
3 달군 팬에 참기름을 약간 두르고 바지락살을 살짝 볶는다.
4 솥에 불린 쌀을 넣고 물을 부은 뒤 바지락살을 올리고 센불에서 끓인다.
5 밥물이 끓으면 약불로 줄이고 고소한 밥 냄새가 날 때까지 끓인다.
6 불을 끈 뒤 10분 정도 뜸을 들인다.

TIP

바지락살은 물에 충분히 행군 다음, 비린내를 잡기 위해 참기름을 두르고 살짝 볶아줍니다. 너무 많이 볶으면 질겨질 수 있으니 주의합니다. 물 대신 바지락을 껍질째 삶은 물을 넣고 바지락살을 넣어 밥을 짓는 방법도 있습니다. 이렇게 밥을 지으면 조개의 향이 더 진해집니다.

| 김과 부추맛간장

재료_ 김 4장, 부추 3줄기, 간장 3큰술, 마늘 다진 것 $\frac{1}{2}$작은술, 올리고당 약간, 참기름 약간, 깨 약간

만드는 법_
1 김은 2장씩 잡아 앞뒤로 구운 뒤 1장을 6등분한다.
2 부추는 0.5cm 간격으로 자른다.
3 볼에 간장, 마늘, 올리고당, 참기름, 깨, 부추를 넣고 섞는다.

| 어묵당근볶음

재료_ 사각어묵 2장, 당근 $\frac{1}{2}$개, 간장 1큰술, 올리고당 1큰술, 식용유 적당량, 소금 약간, 후추 약간

만드는 법_
1 어묵은 반으로 자른 뒤 0.5cm 두께로 얇게 채 썬다.
2 당근은 어슷하게 썰고 어묵 길이와 비슷하게 채 썬다.
3 팬에 식용유를 두르고 당근을 볶는다.
4 당근이 물렁해지면 어묵과 간장을 넣고 볶는다.
5 올리고당, 소금, 후추를 넣고 불을 끈다.

TIP

어묵은 수분이 없어서 타기 쉽습니다. 그럴 때는 물을 한 숟가락씩 넣으면서 볶아주세요.

| 돼지고기장조림

재료_ 돼지고기(안심) 300g, 메추리알 삶은 것 200g, 생강 $\frac{1}{2}$개, 물 2컵, 간장 $\frac{1}{2}$컵, 건고추 1개, 올리고당 3큰술

만드는 법_
1 생강은 껍질을 벗긴 뒤 0.2cm 두께로 편으로 썬다.
2 냄비에 돼지고기, 생강, 물, 간장, 건고추를 넣고 돼지고기가 익을 때까지 끓인다.
3 돼지고기가 익으면 불을 끄고 생강을 꺼낸 뒤 한 김 식힌다.
4 식힌 돼지고기의 결을 따라 한 입 크기로 찢는다.
5 **3**의 냄비에 찢은 돼지고기와 메추리알을 넣고 메추리알에 간장색이 밸 때까지 끓인다.
6 마지막으로 올리고당을 넣고 불을 끈다.

TIP

생강을 오래 끓이면 맛이 진해지기 때문에 돼지고기를 익힐 때만 넣었다가 뺍니다. 돼지고기장조림은 기름이 거의 없어 담백합니다. 건고추를 넣으면 감칠맛을 더해줍니다.

| 숙주국

재료_ 숙주 50g, 무 $\frac{1}{6}$개, 다시마디포리국물 2$\frac{1}{2}$컵(p.157 참고), 고춧가루 1큰술, 국간장 1큰술, 소금 약간

만드는 법_
1 숙주를 씻은 뒤 체에 밭쳐 물기를 뺀다.
2 무는 껍질을 벗긴 뒤 가로세로 2cm 크기로 얇게 자른다.
3 냄비에 다시마디포리국물과 무를 넣고 끓인다.
4 무가 익으면 숙주와 고춧가루, 국간장을 넣는다.
5 숙주의 숨이 죽으면 소금으로 간을 맞춘 뒤 불을 끈다.

TIP

숙주는 물에 담가 냉장고에서 보관합니다. 3일 정도 보관이 가능하지만 쉽게 상하기 때문에 최대한 빨리 먹어야 합니다. 숙주는 일 년 내내 재배하기 때문에 쉽게 구할 수 있으므로 그때그때 필요한 양만 구입하여 사용하는 것이 제일 좋습니다.

거제 가정식

초판 1쇄 인쇄 2019년 3월 12일
초판 1쇄 발행 2019년 3월 20일

지은이 이나영
펴낸이 염현숙
편집인 김옥현

사진 이보영(studio ROC)
디자인 이현정
저작권 한문숙 김지영
마케팅 정민호 이숙재 양서연 안남영
홍보 김희숙 김상만 이천희
제작 강신은 김동욱 임현식
제작처 영신사

펴낸곳 (주)문학동네
출판등록 1993년 10월 22일 제406-2003-000045호
임프린트 테이스트북스 taste BOOKS

주소 10881 경기도 파주시 회동길 210
문의전화 031)955-8886(마케팅), 031)955-2693(편집)
팩스 031)955-8855
전자우편 selina@munhak.com

ISBN 978-89-546-5557-6 13590

• 이 도서의 국립중앙도서관 출판예정도서목록(CIP)은 서지정보유통지원시스템 홈페이지(http://seoji.nl.go.kr)와 국가자료공동목록시스템(http://www.nl.go.kr/kolisnet)에서 이용하실 수 있습니다.
(CIP제어번호: CIP2019008461)

www.munhak.com